U0052166

新手 OK！
照著圖解簡單織

新手OK！
照著圖解簡單織

媽咪輕鬆鉤

0～24個月的手織娃娃衣&可愛配件！

無論是即將出生的寶寶，或是已經誕生的寶寶，

面對這些可愛的新生命，

何不送上充滿愛心的手工編織衣物呢？

由於每一款作品都附上了清楚易懂的步驟解說，

即使是初學者也能夠放心編織。

一邊想著令人珍愛的寶寶，

懷著愉快的心情一針一針地鉤織吧！

鉤針編織的基本針法

符號	針法	頁數
○	鎖針起針 鎖針	P.8
ⓘ(輪)	輪狀起針	P.14
●	引拔針	P.12
×	短針	P.12
T	中長針	P.19
干	長針	P.8
丰	長長針	P.28
干	長針的筋編	P.67
仌	2短針併針	P.20
V	2中長針加針	P.19
V	2長針加針	P.19
A	2長針併針	P.10

contents

寶寶的月齡&尺寸

圖示標記（★○♥）分別表示適用的寶寶月齡與身高尺寸。

★ 0~6 個月
身高
50～70cm

○ 6~12 個月
身高
70～80cm

♥ 12~24 個月
身高
80～90cm

開始鉤織前

備齊必要的工具與編織線材，作好鉤織的事前準備吧！

必要工具

ⓐ 鉤針

前端彎曲成鉤狀的鉤針。鉤針的粗細以號數與mm來表示（5/0號，7mm等），數字越大鉤針越粗。請配合線材的粗細，來決定使用的鉤針吧！

ⓑ 毛線針

毛線用手縫針，針尖為圓頭，穿線孔也較大。在收口、接縫與收針藏線時使用。同樣也是配合線材粗細來決定縫針的粗細。

ⓒ 記號圈

每10段在織片鉤上一個記號圈，就不需要一直重新計算段數，相當便利。

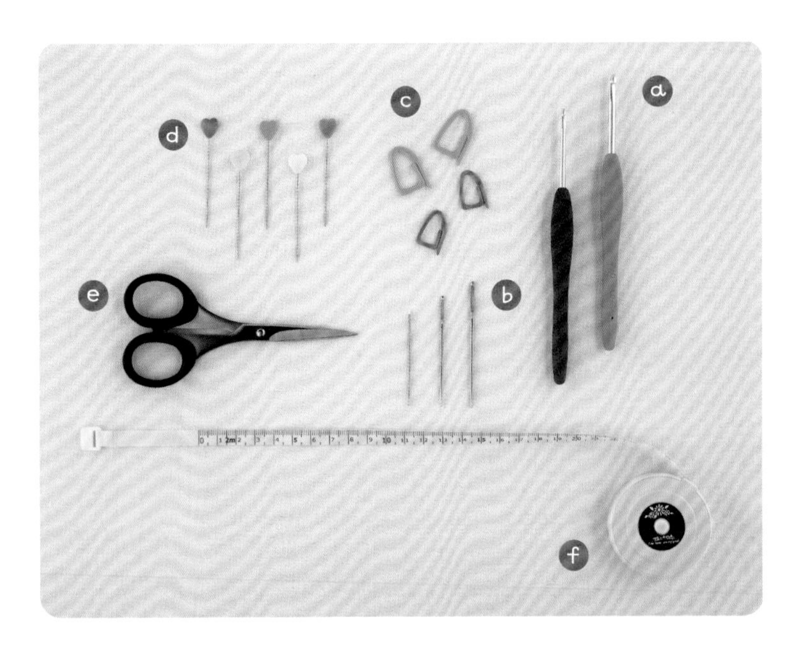

ⓓ 編織專用固定針

針長且針尖成圓頭，是編織專用的固定針。無論是暫時固定待縫合的織片，或是以熨斗作最後整燙時都相當便利。

ⓔ 剪刀

剪斷織線時使用。

ⓕ 捲尺

測量織片與作品尺寸時使用。

編織線

織品使用的線材有各種素材、形狀與粗細。此外，線球上標籤有著許多關於線材的資料，記住標籤說明代表的資訊，作為選購線材時的參考吧！

線材標籤說明

色號與批號。批號是表示線材染色時的染鍋號碼。就算是相同色號，也可能因為批號不同而產生些許顏色差異，購買線材時請多加注意。

1球的重量與線長。

最適合線材的編織針號。

以上述針號編織時，10cm正方形的標準針數與段數。

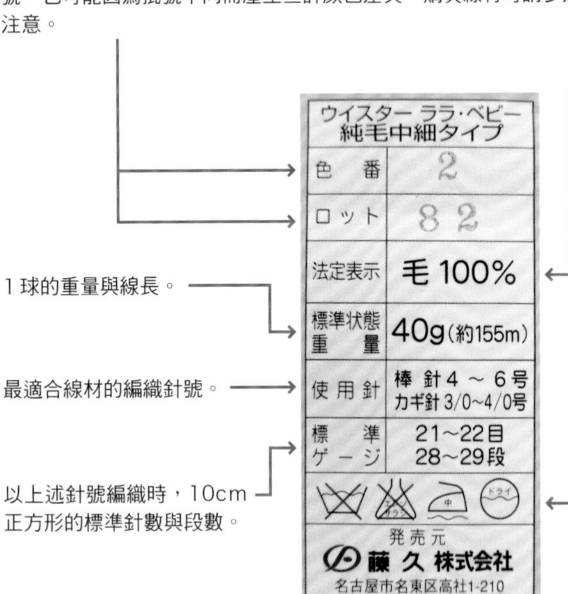

ウイスター ララ·ベビー 純毛中細タイプ	
色 番	2
ロット	82
法定表示	毛 100%
標準状態 重 量	40g(約155m)
使 用 針	棒 針4～6号 カギ針3/0～4/0号
標 準 ゲ ー ジ	21～22目 28～29段

発売元
藤 久 株式会社
名古屋市名東区高社1-210

表示製造線材的原料成份。依照原料不同，分為夏用線材與冬用線材。

以棉、麻等原料為主，作為夏用線材使用。

以羊毛、羊駝毛、安哥拉等原料為主，此類具有保暖性質的毛線則作為冬用線材使用。

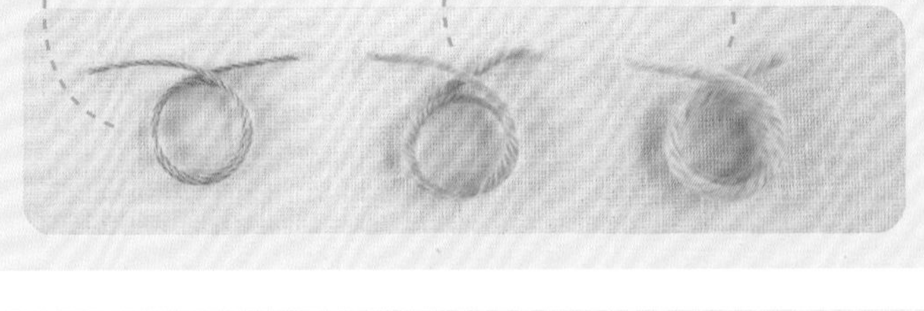

洗滌注意事項的標誌說明。

無法水洗。

熨燙溫度不可超過160℃，以中溫（140～160℃）熨燙為最佳。需使用墊布。

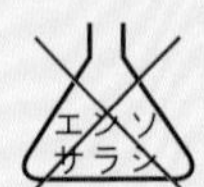

不可使用含氯漂白劑漂白。

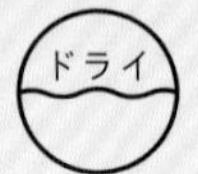

可乾洗。使用四氯乙烯或是石油系溶劑。

織線取用方法

從線球中心取出線頭吧！若是從外側開始使用捲起的織線，每次拉線時，
線球就會四處亂滾而妨礙編織，所以請從內側取出線頭使用。

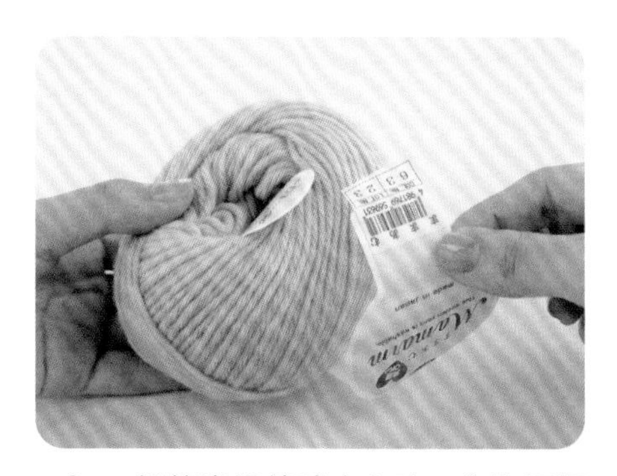

1 標籤穿過線球中心時，先取下標籤。

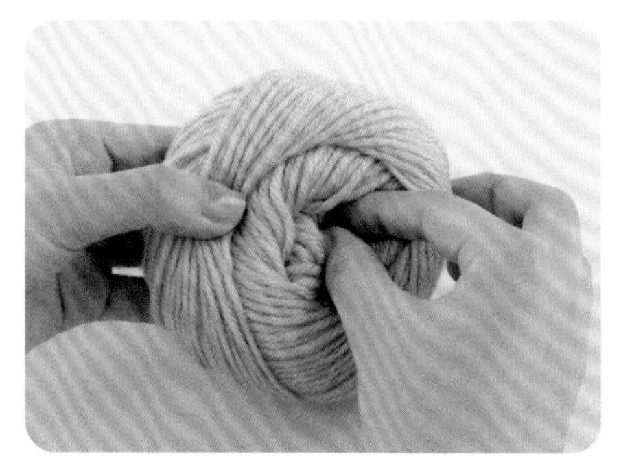

2 將手指伸入線球中。

3 捏住線頭取出（依捲線形狀而定，也有沒辦法馬上找到線頭的狀況。此時，直接拉出線球內的線團，從中找出線頭即可）。

織線掛線方法&鉤針拿法

為了讓鉤織更順手，來學習正確的掛線與鉤針拿法吧！

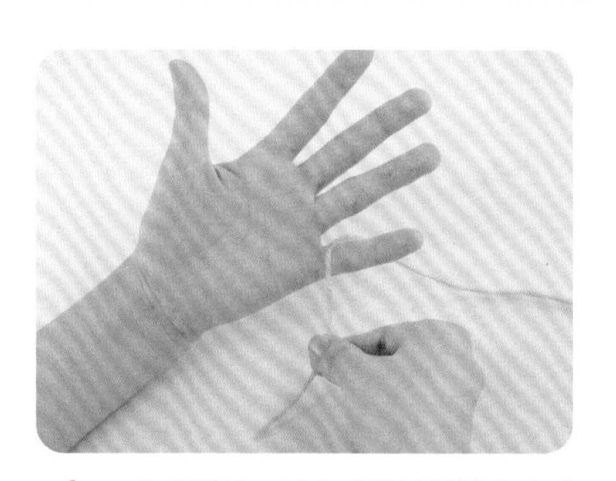

1 左手掛線。以右手將線頭從左手手背側穿過小指與無名指之間。

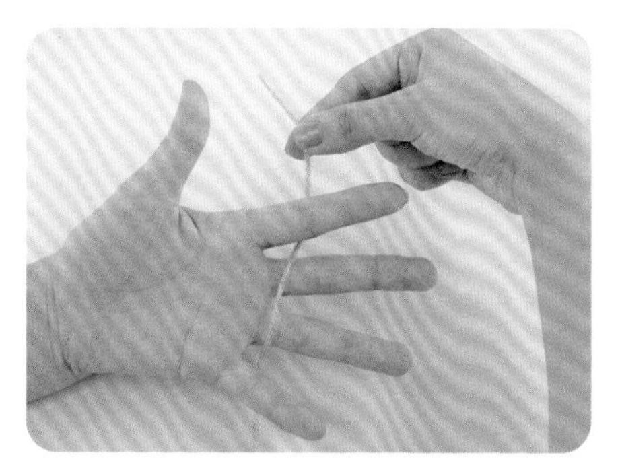

2 再從中指與食指之間穿至手背側。

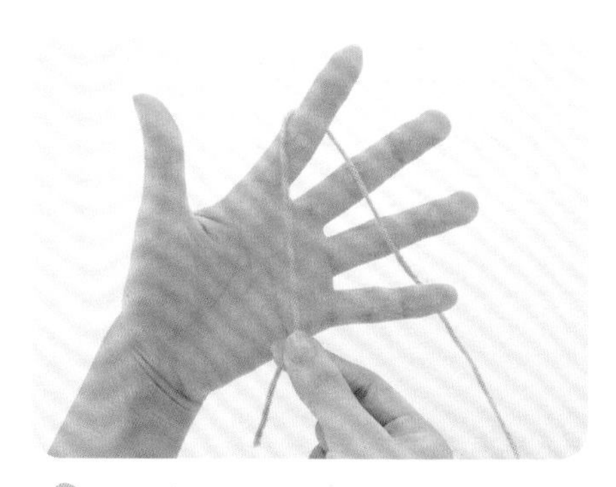

3 在食指上掛線，線頭在手掌側。

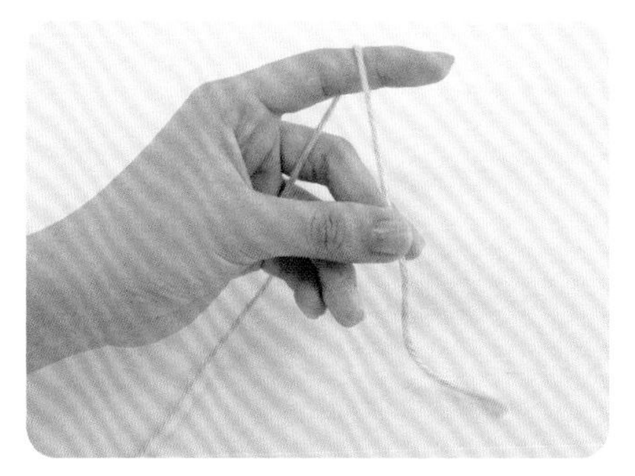

4 伸直食指，以拇指與中指夾住線頭。

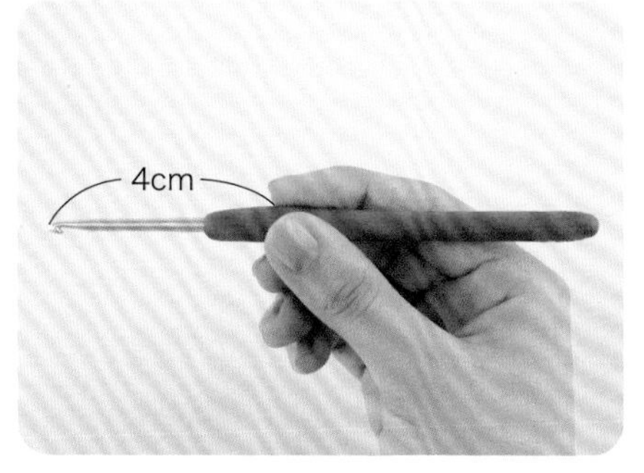

5 右手拿鉤針。拇指與食指如圖在距離針尖4cm處持針，中指則輕輕靠著。掛在針上的織線如果滑掉時，以中指壓住即可。

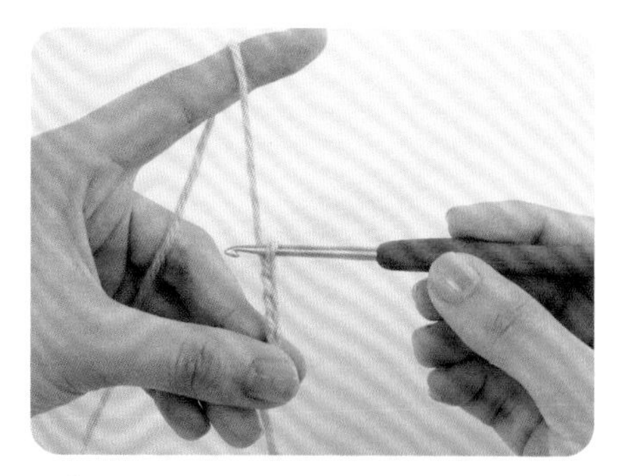

6 左手拿著織線，鉤針靠在左手拇指與食指間的線段進行鉤織。為了能順利拉動織線，左手不可將穿過的織線夾得太緊。

綁帶背心

穿脫簡單，便於調節寶寶體溫的綁帶背心，由於脇邊沒有造成不適的縫線，對寶寶來說相當舒服。
女孩穿的作品 1 縫上花朵更顯可愛，男孩穿的作品 2 則是簡單風格。

作法 P.6

織線…Wister Baby Baby
設計…川路祐三子

2

兼用連身衣／SENSE OF WONER
（MILLI COMPANY LTD.）

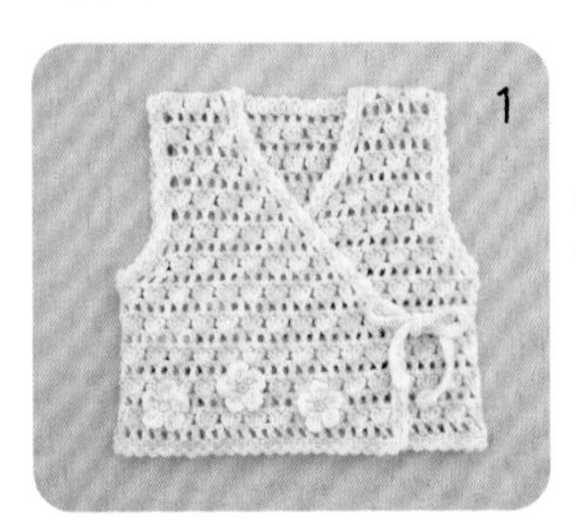

2

P.4・P.5　1・2

使用織線
Wister Baby Baby
1 粉紅色（4）100g
　原色（2）15g
2 水色（8）95g
　原色（2）10g

工具
鉤針「Amure」5/0號

密度（10cm正方形）
花樣編　21針　8段

完成尺寸
胸圍56cm
肩寬24cm
衣長28.5cm

作法
1. 鎖針起針，以花樣編鉤織背心主體。
2. 肩膀作捲針併縫。
3. 在下襬、前襟、領口、袖口鉤織緣編。
4. 鎖針起針，鉤織綁帶A、B，分別接縫在指定位置。
5. 輪狀起針，鉤織花朵織片。接縫於花朵指定位置（僅作品1）。

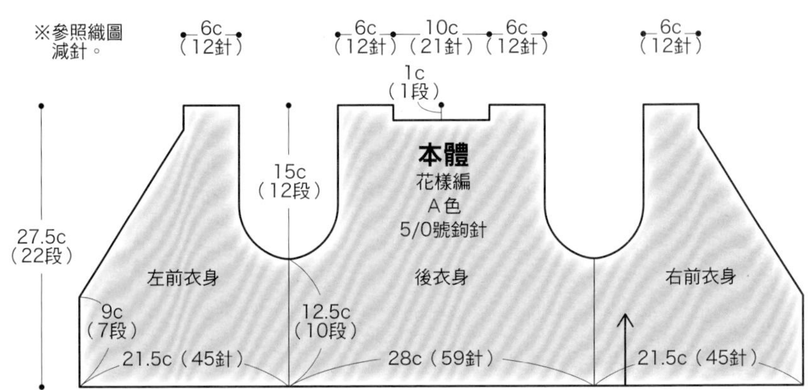

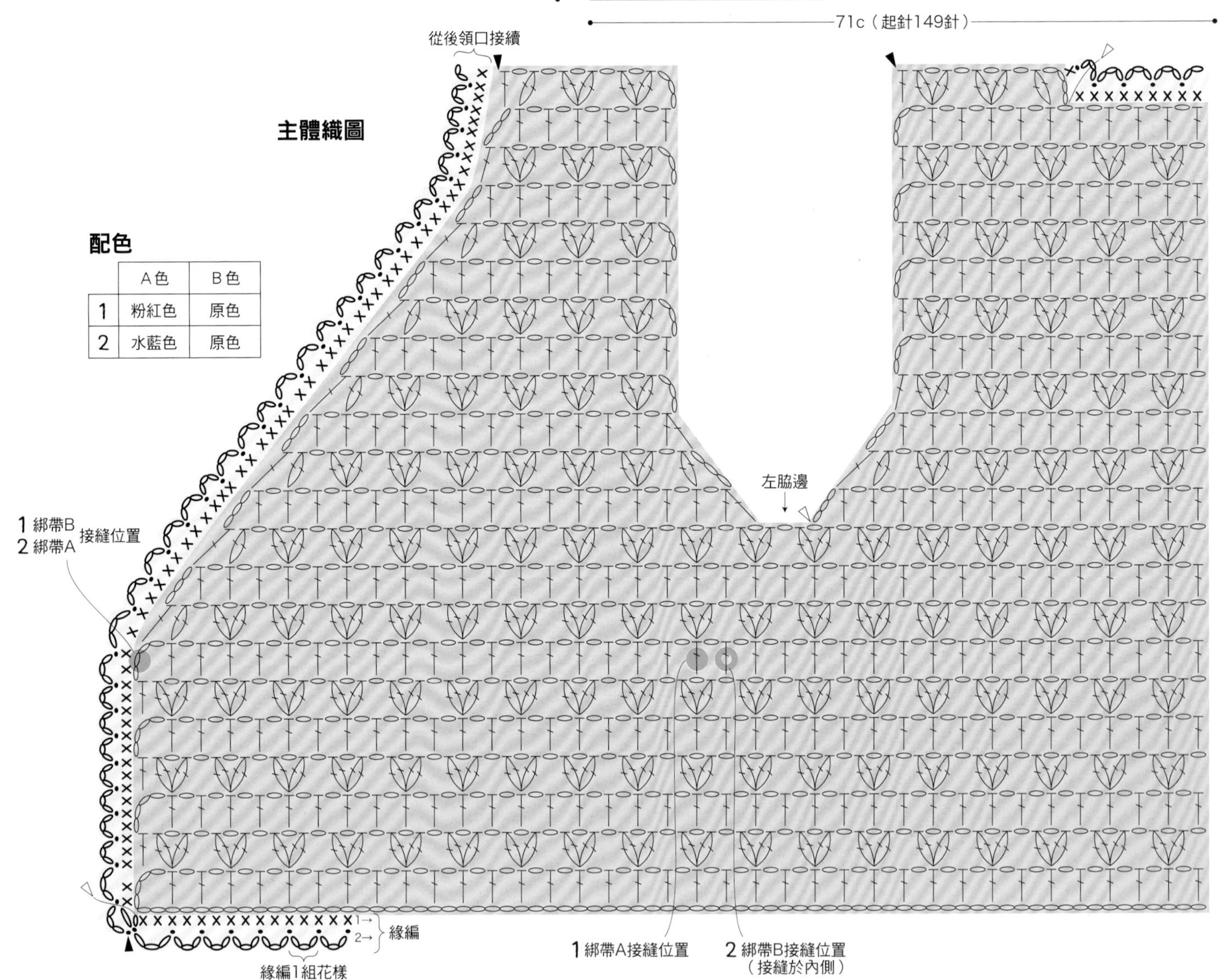

配色

	A色	B色
1	粉紅色	原色
2	水藍色	原色

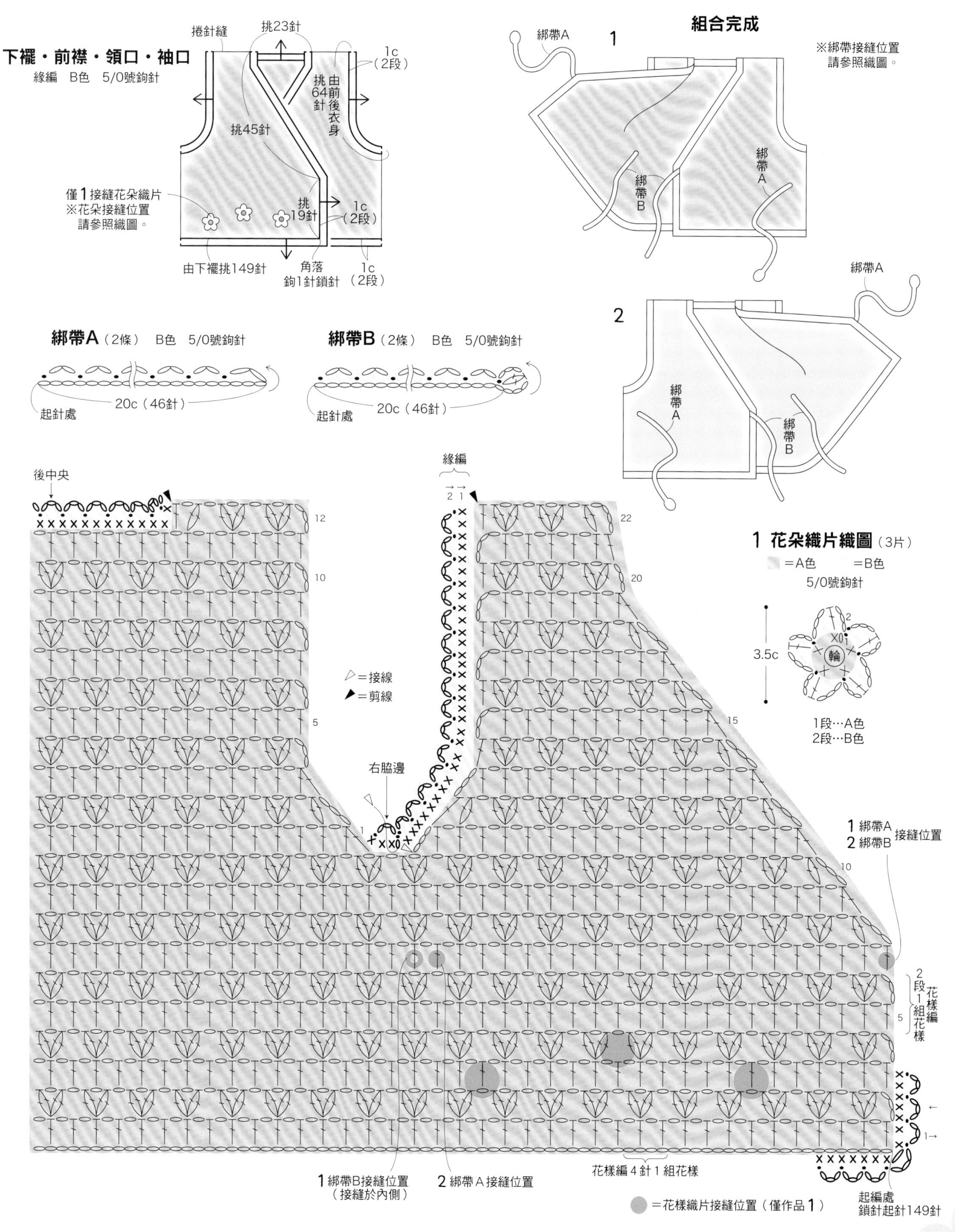

下襬・前襟・領口・袖口
緣編　B色　5/0號鉤針
捲針縫
挑23針
1c（2段）
由前後衣身挑64針
挑45針
僅1接縫花朵織片
※花朵接縫位置請參照織圖。
挑19針
1c（2段）
由下襬挑149針
角落鉤1針鎖針
1c（2段）
組合完成
綁帶A
1
※綁帶接縫位置請參照織圖。
綁帶B
綁帶A
2
綁帶A
綁帶A
綁帶B
綁帶A（2條）　B色　5/0號鉤針
20c（46針）
起針處
綁帶B（2條）　B色　5/0號鉤針
20c（46針）
起針處
後中央
緣編
12
10
5
22
20
15
10
5
1
▷＝接線
▶＝剪線
右脇邊
1 花朵織片織圖（3片）
＝A色　＝B色
5/0號鉤針
3.5c
輪
1段…A色
2段…B色
1 綁帶A
2 綁帶B
接縫位置
2段1組花樣
花樣編
1 綁帶B接縫位置（接縫於內側）
2 綁帶Ａ接縫位置
花樣編４針１組花樣
＝花樣織片接縫位置（僅作品1）
起編處
鎖針起針149針

1 從下襬開始鉤至第10段

起針

○ **鎖針起針**
鎖針

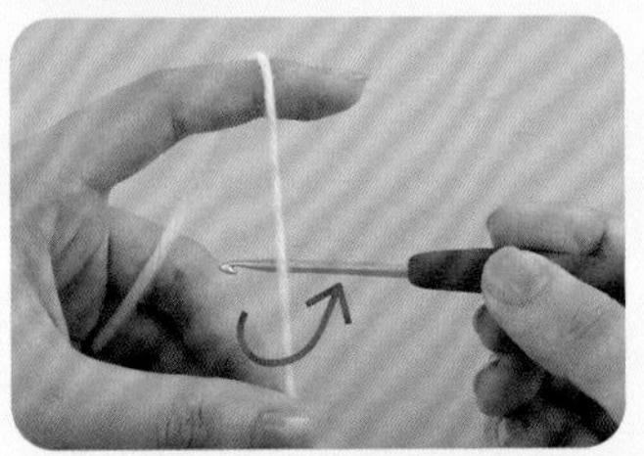

1 鉤針貼著織線背面，依箭頭指示旋轉鉤針，作出線圈。

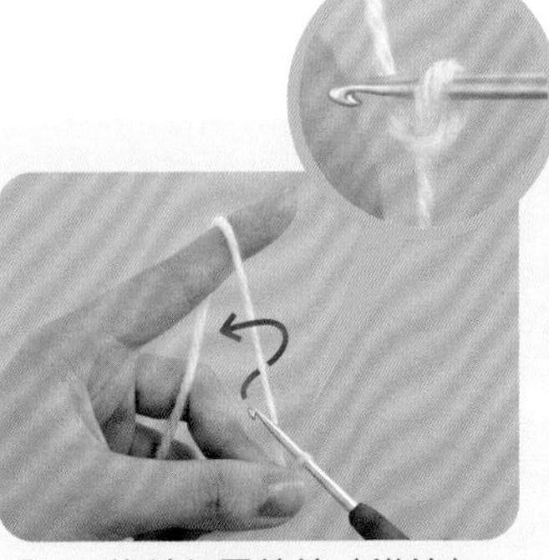

2 鉤針如圖繞線（掛線）。左手拇指與中指壓住線圈交叉點，依箭頭指示在針上掛線。

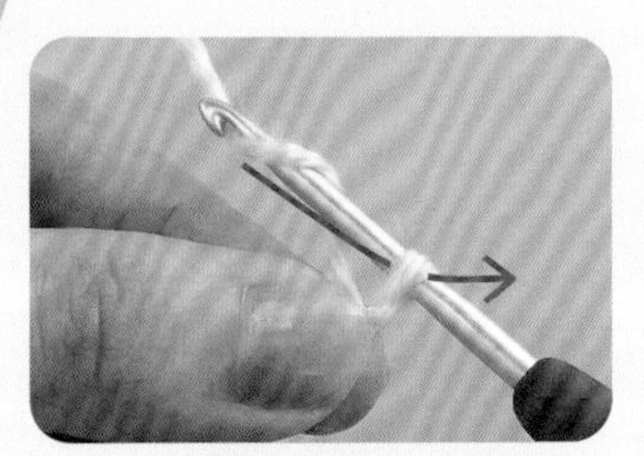

3 將掛在鉤針上的織線，依箭頭指示鉤出（此為起針，不計入針數）。

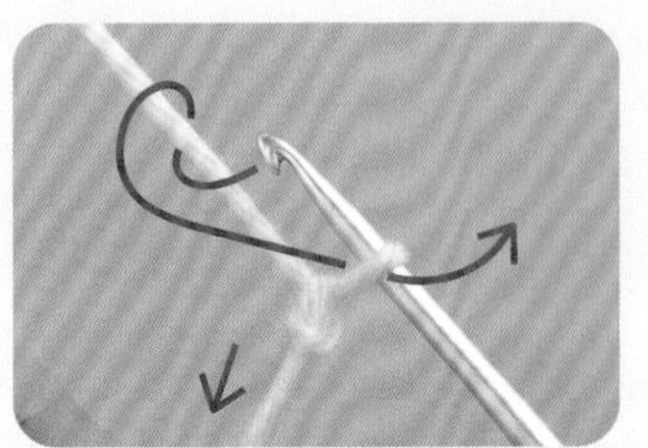

4 下拉線頭，將起針線圈收緊。鉤針依箭頭指示掛線，從線圈引拔鉤出織線。

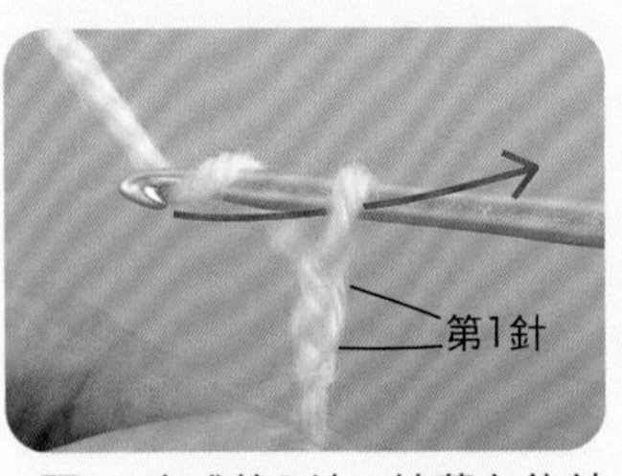

5 完成第1針。接著在鉤針上掛線，依箭頭指示引拔，鉤織第2針。

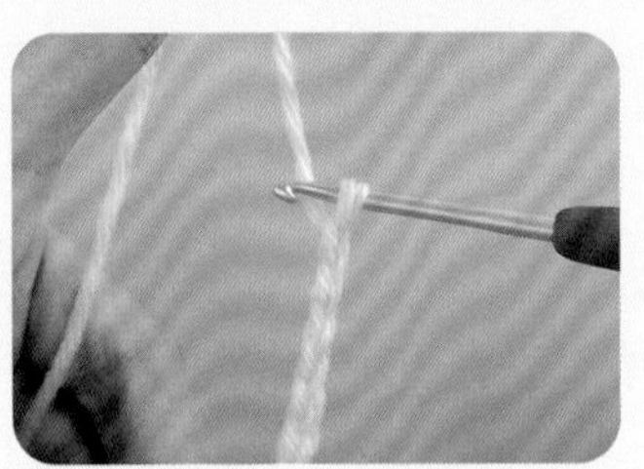

6 以相同作法重複鉤織鎖針。

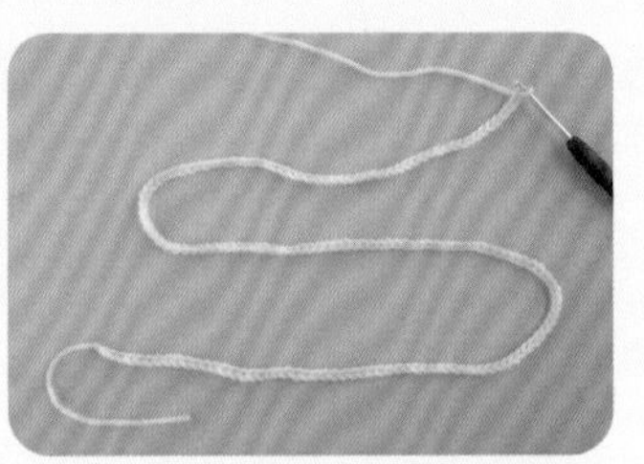

7 總共鉤織149針鎖針。掛在鉤針上的線圈不算1針。

第1段

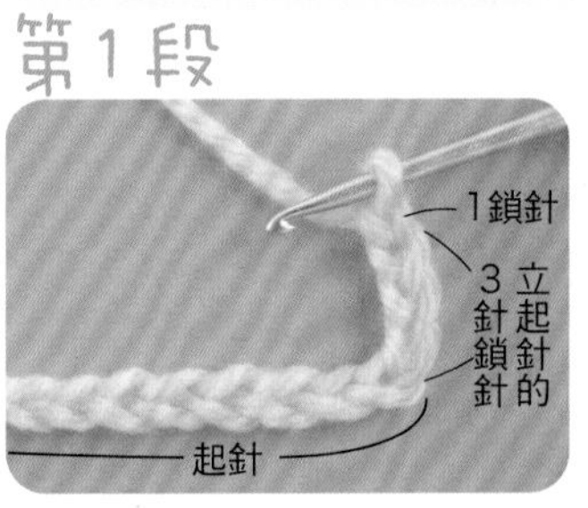

1 完成起針針目後，直接繼續鉤織3針立起針的鎖針，然後再鉤1針鎖針。

下 **長針**

除短針以外，立起針的鎖針皆算作1針。

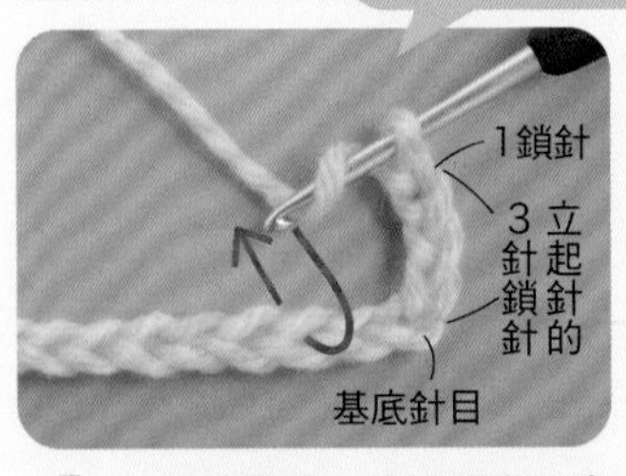

2 鉤針掛線，依箭頭指示穿入起針針目。

3 鉤針掛線，依箭頭指示鉤出織線。

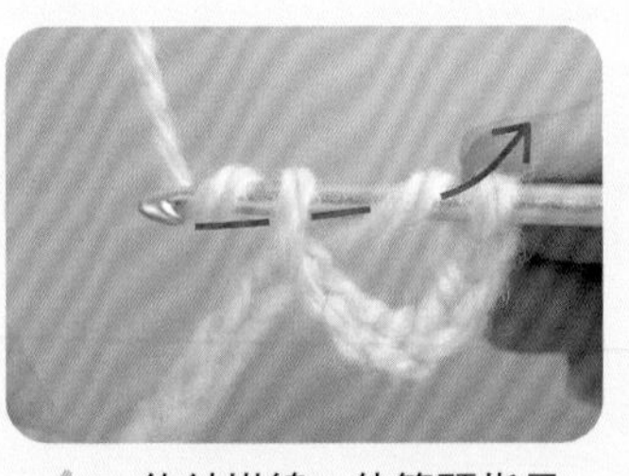

4 鉤針掛線，依箭頭指示一次引拔穿過2線圈。

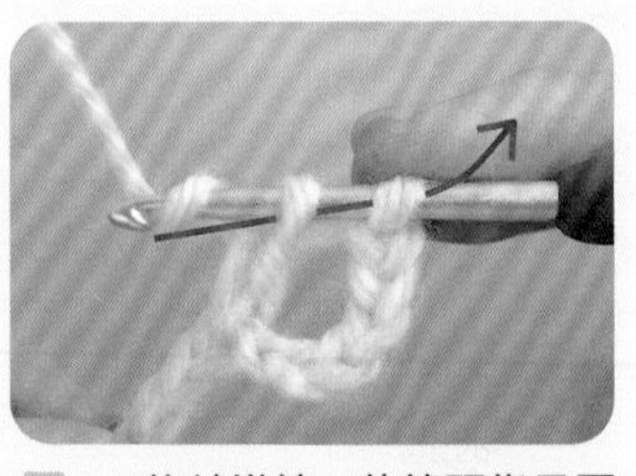

5 鉤針掛線，依箭頭指示再次引拔2線圈。

6 完成1針長針。接著鉤針掛線，依箭頭指示引拔，鉤1針鎖針。

7 以相同作法重複鉤織長針與鎖針，完成第1段。

第2段

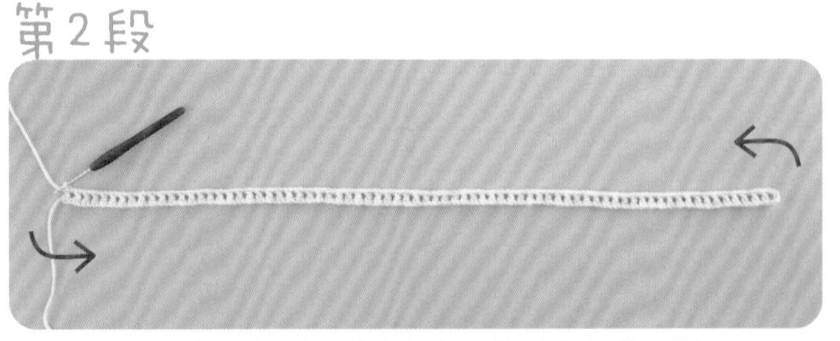

1 完成第1段，維持鉤針在針目上的模樣，將織片依箭頭指示翻至背面。

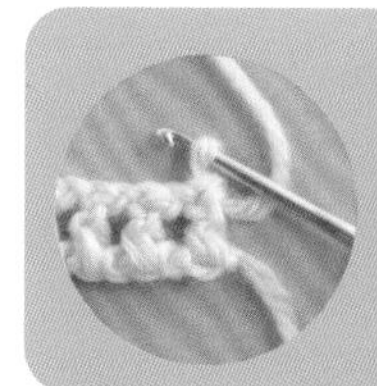

2 翻至背面的樣子。將編織線拉至內側。

2長針的玉針

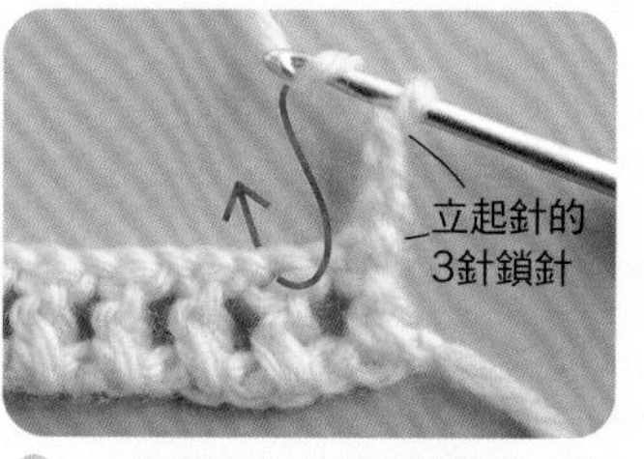

3 鉤織立起針的3針鎖針。鉤針掛線，依箭頭指示在第1段長針的鎖狀針頭挑2條線。

4 鉤針掛線，依箭頭指示鉤出。

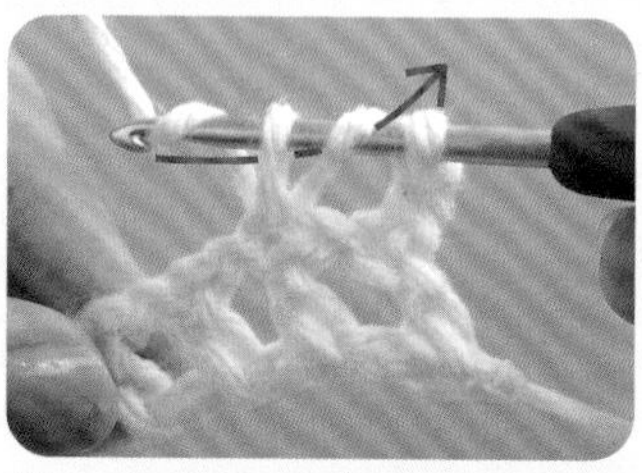

5 鉤針掛線，依箭頭指示引拔2線圈，鉤織1針未完成的長針（未完成是指再作一次引拔即可完成長針的狀態）。

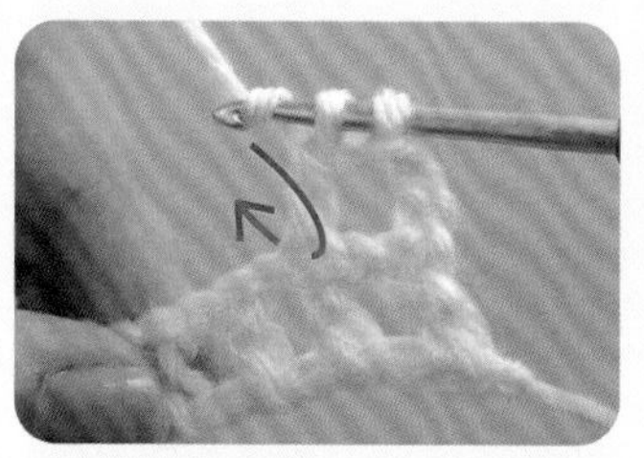

6 完成1針未完成的長針。鉤針掛線，在相同針目入針，再鉤1針未完成的長針。

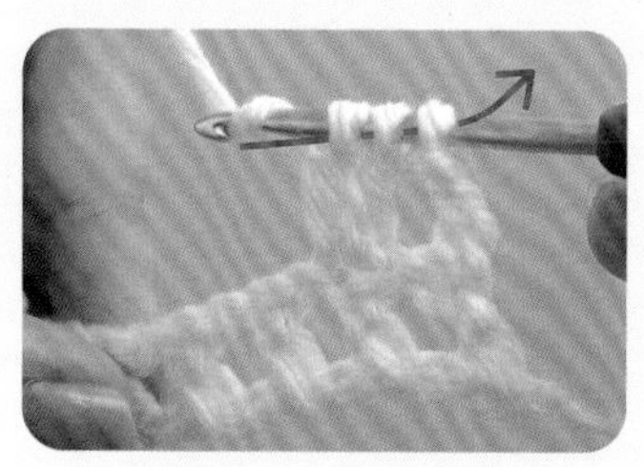

7 完成2針未完成的長針。鉤針掛線，依箭頭指示一次引拔2針目。

8 完成2長針的玉針。

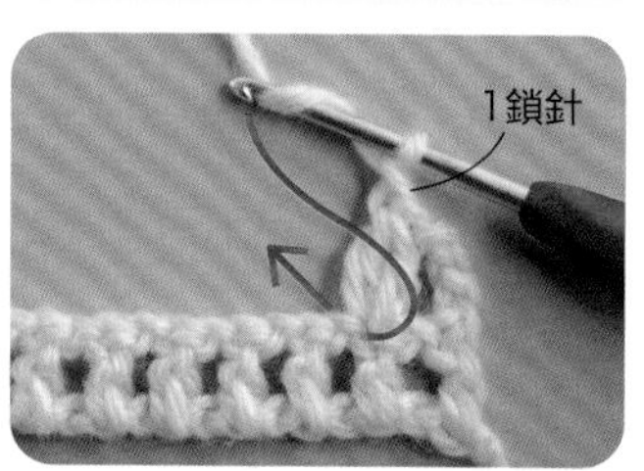

9 鉤織1針鎖針。接著鉤針掛線，依箭頭指示穿入同步驟3的針目，再次鉤織2長針的玉針。

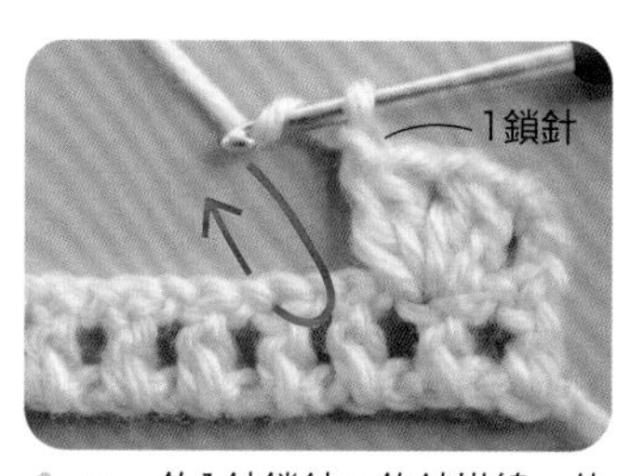

10 鉤1針鎖針。鉤針掛線，依箭頭指示挑針，鉤織2長針的玉針。

11 以相同作法重複鉤織鎖針與2長針的玉針，完成第2段。

第3段

挑束鉤織

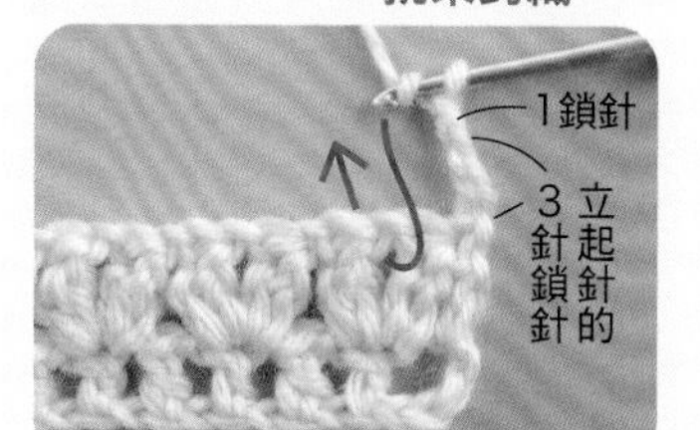

1 將織片翻回正面，鉤織立起針的3針鎖針，再鉤1針鎖針。鉤針掛線，依箭頭指示在前段鎖針的下方入針。

2 鉤針掛線，依箭頭指示鉤出織線，鉤1針長針。

3 完成長針的模樣。像這樣不是穿入前段針目中的挑針方式，稱為「挑束」。接下來鉤1針鎖針，下1針也是挑束鉤織長針。重複相同作法鉤織第3段。

第4～7段

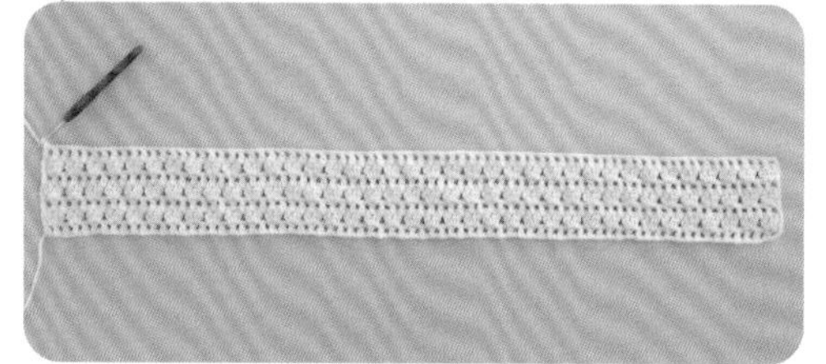

參照織圖，不加減針直直鉤到第7段。

第8段

1 第8段開始，請參照織圖一邊鉤織一邊在兩側前襟減針。同樣是繼續鉤織立起針的3針鎖針、2長針的玉針、1針鎖針的花樣編。

2 第8段的最後1針，在前段立起針的第3針鎖針入針，鉤1針長針。

3 完成第8段。

第9段

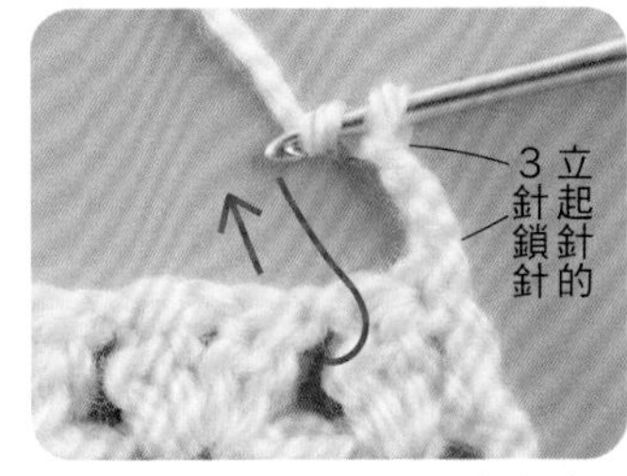

1 鉤織立起針的3針鎖針，鉤針掛線依箭頭指示入針，挑束鉤織長針。

2 重複鉤織1針鎖針與1針長針。

2長針併針

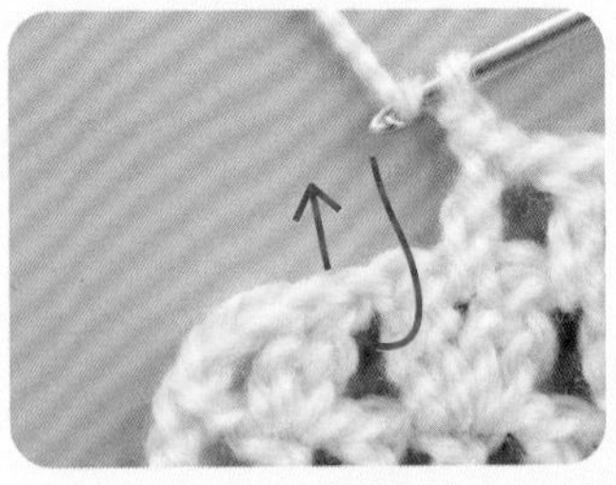

3 第9段的最後1針，鉤針掛線依箭頭指示入針，鉤織1針未完成的長針。

4 完成1針未完成的長針。接著再次掛線，依箭頭指示在前一段立起針的第3針鎖針入針，再鉤1針未完成的長針。

5 完成2針未完成的長針。鉤針掛線，依箭頭指示一次引拔2針目。

6 完成2長針併針。第10段也一樣，一邊鉤織一邊在前襟領口作減針。

② 鉤織左前衣身

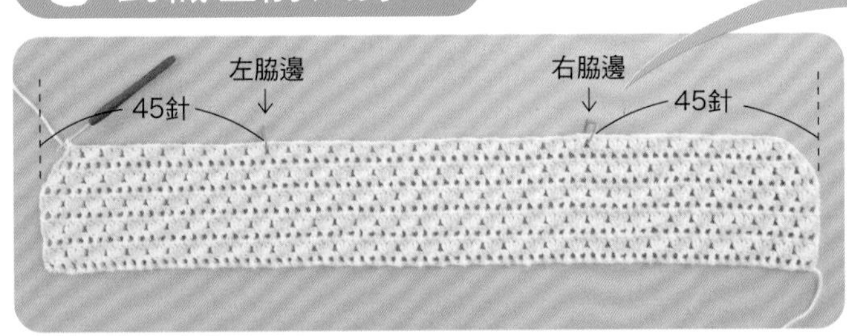

1 第11段開始，分別鉤織左前衣身、後衣身與右前衣身。從織片兩側數到第45針，加上記號。

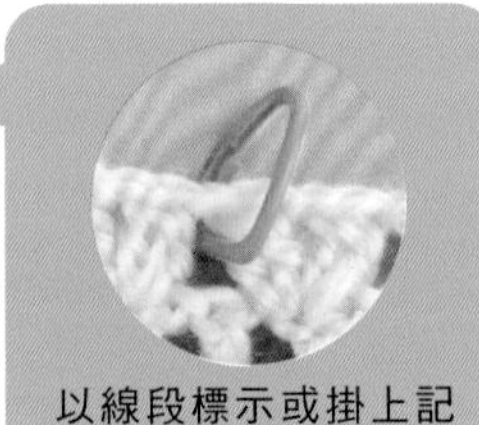

以線段標示或掛上記號圈。

2 左前衣身是接續第10段直接鉤織。參照織圖，從邊端至記號處來回鉤織（往復編）。

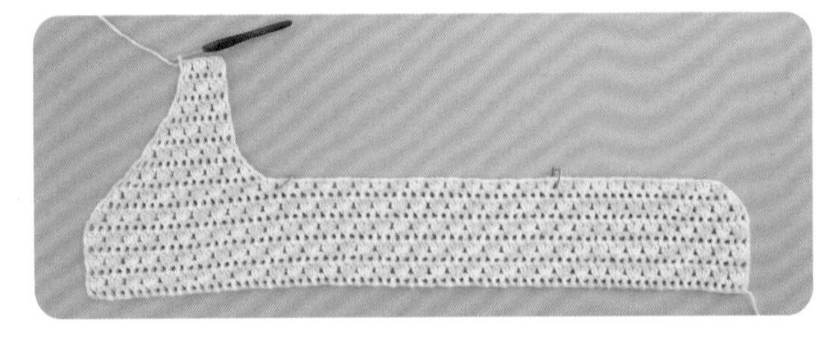

3 完成左前衣身。

4 最後預留約15cm線段後剪線，將針上線圈拉大後拿開鉤針，將線段穿入線圈，拉緊固定。

3 鉤織後衣身

※為了讓解說更清晰易懂，使用不同色線示範。

接線

1 在左脇邊的接線位置入針，鉤針如圖將織線鉤出。

2 鉤針掛線，依箭頭指示鉤出。

3 完成接線。

第1～12段

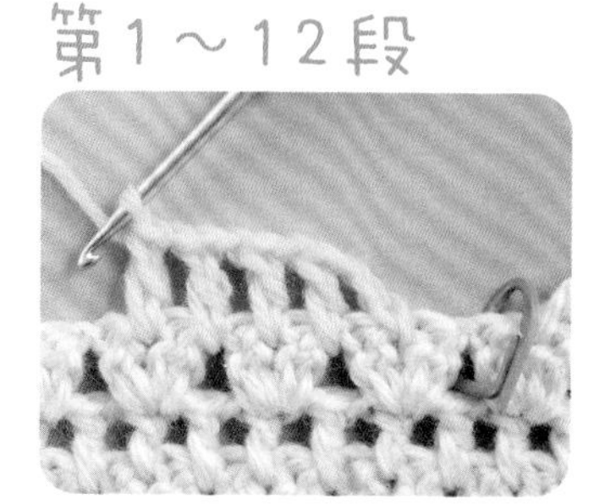

1 參照織圖繼續鉤織。

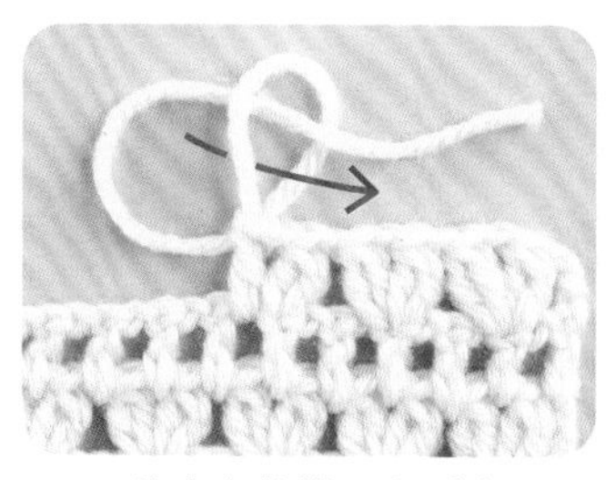

2 後衣身鉤織至右肩完成的模樣。預留約15cm後剪線，同樣在抽出鉤針後，將線段穿入線圈，拉緊。

3 如圖示接線，鉤織左肩。

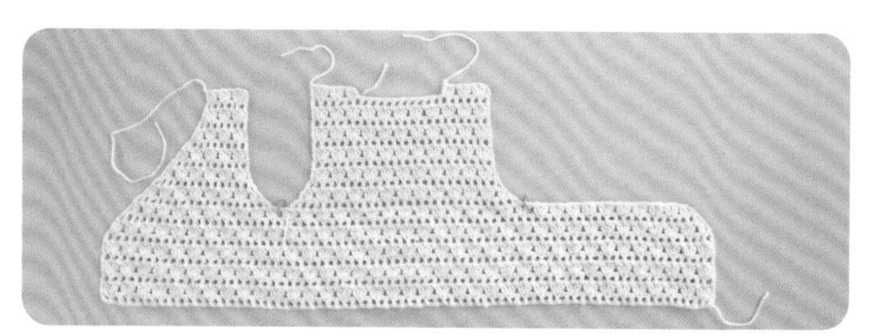

4 完成左前衣身與後衣身。

4 鉤織右前衣身

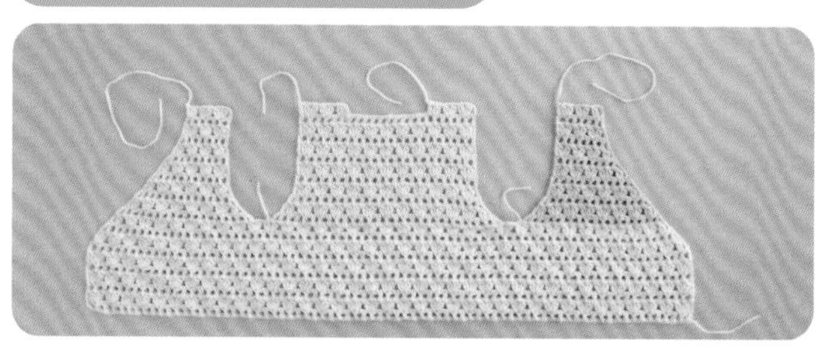

在右脇邊的接線位置入針，接線鉤織右前衣身。

5 併縫肩膀

※為了讓解說更清晰易懂，使用不同色線示範。

捲針併縫
（織片正面相對，挑鎖狀針頭2條線縫合）

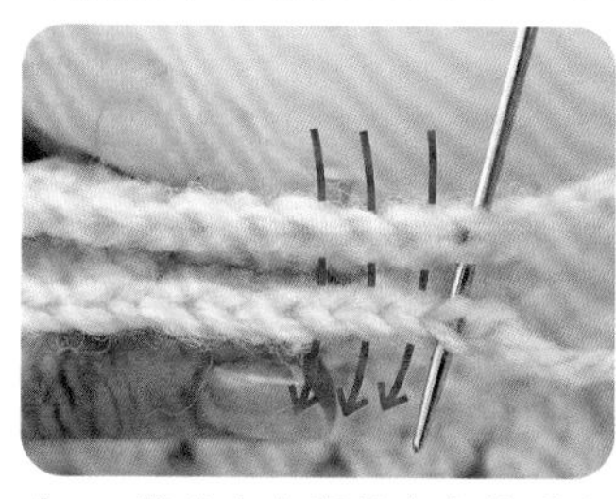

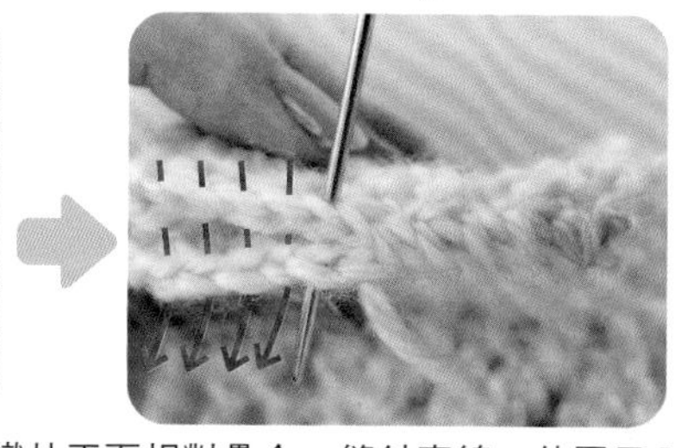

1 將後衣身與前衣身的肩膀織片正面相對疊合，縫針穿線，依圖示入針，分別挑兩織片的鎖狀針頭2條線。

收針藏線作法

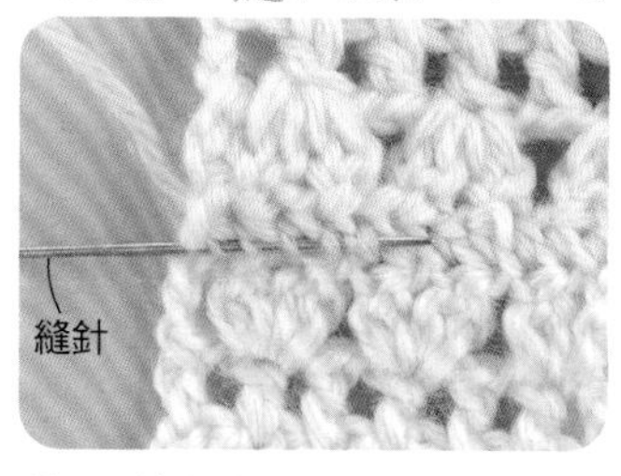

2 線段穿入縫針，在織片背面穿入針目之中，貼近織片邊緣剪去多餘線段。

3 完成肩膀的捲針併縫。另一側肩膀也以相同方式併縫藏線。

6 鉤織下襬・前襟・領口的緣編

第1段

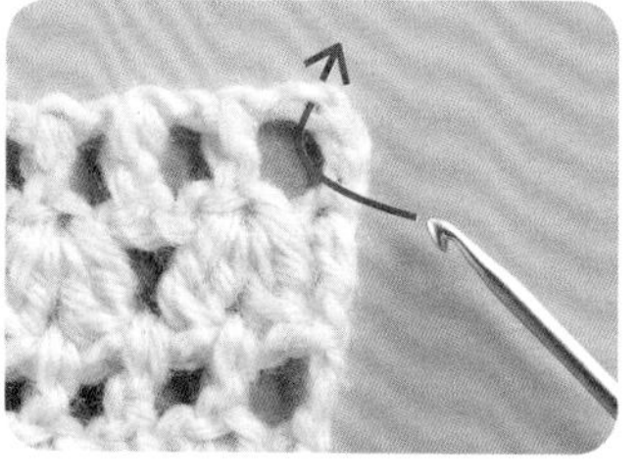

1 在緣編起編位置（左前衣身下襬）依箭頭指示入針。

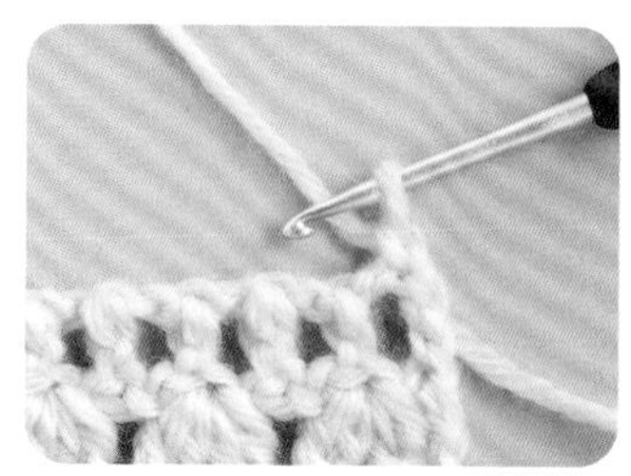

2 接上B色織線。

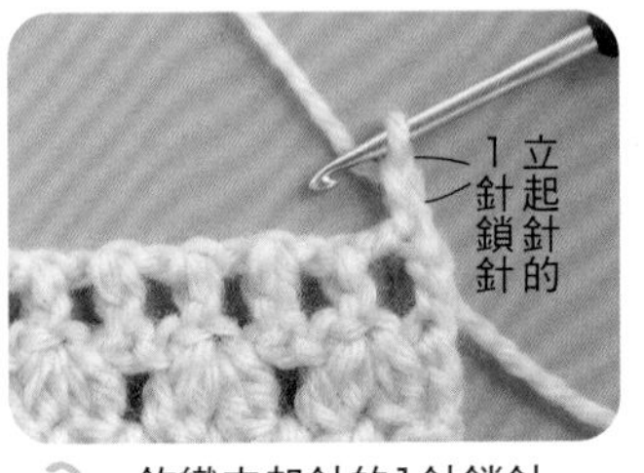

3 鉤織立起針的1針鎖針。

短針

4 鉤針依箭頭指示，穿入與起編相同的針目。

5 鉤針掛線，依箭頭指示鉤出織線。

6 鉤針掛線，依箭頭指示一次引拔針上2線圈。

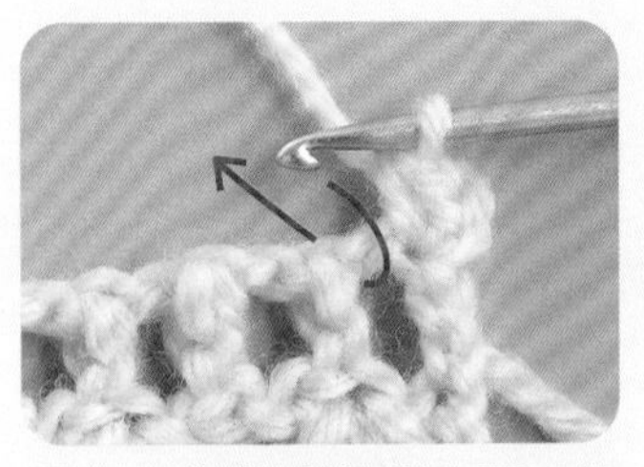

7 完成1針短針。下一針是依箭頭指示入針，挑束鉤織短針。

8 再下一針則是穿入起針針目中，挑針鉤織短針。

9 重複相同作法鉤織緣編第1段。

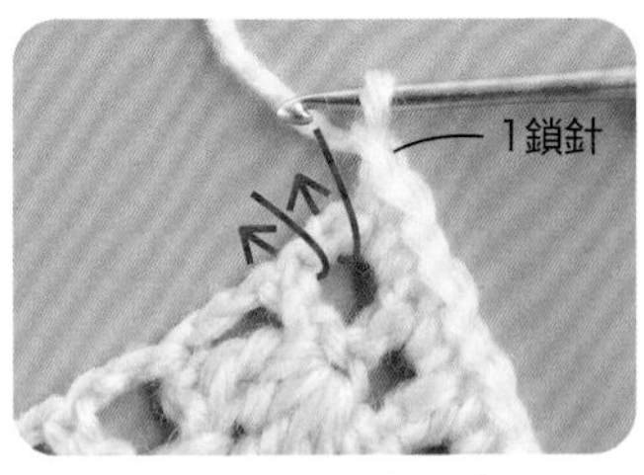

10 在角落鉤1針鎖針後，繼續鉤織短針。

11 從段上挑針時，是在邊端針目挑束鉤織短針。

引拔針

12 鉤織緣編第1段最後的短針與角落的1針鎖針。鉤針依箭頭指示，穿入第1針短針的針頭。

13 鉤針掛線，依箭頭指示引拔。

14 完成引拔針。

第2段

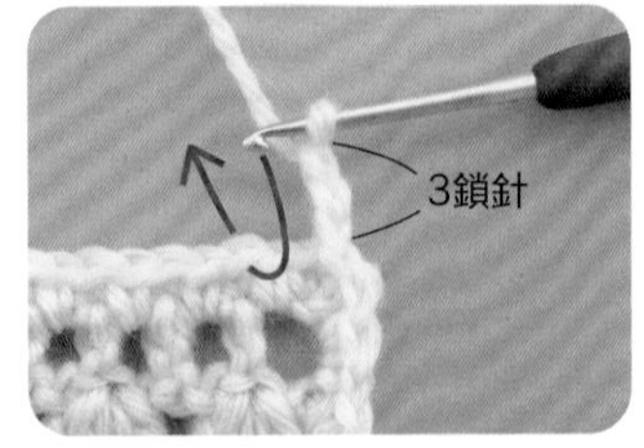

1 鉤3針鎖針。鉤針依箭頭指示穿入，掛線引拔。

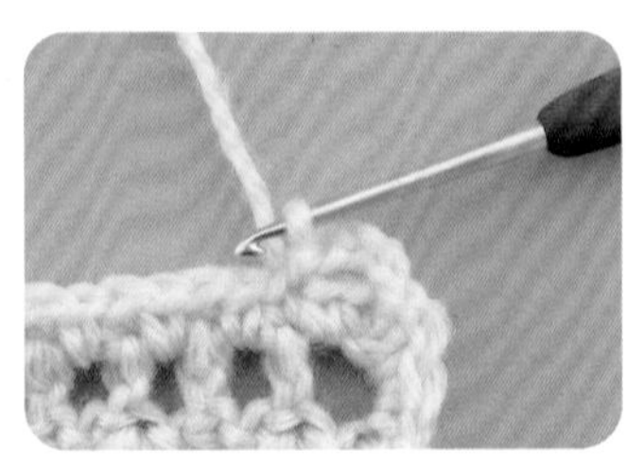

2 完成引拔針。

3 重複相同作法，鉤織3針鎖針與引拔針一圈。

4 完成下襬、前襟與領口的緣編。

7 鉤織袖口緣編

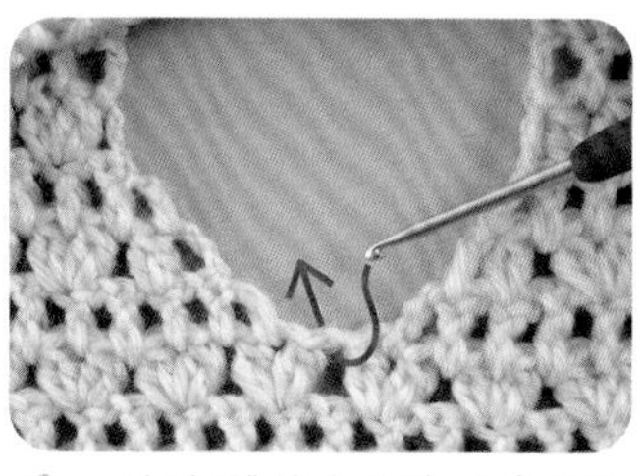

1 在主體的右脇邊（或左脇邊），依箭頭指示入針接線。

2 鉤針掛線，依箭頭指示鉤出織線。

3 參照織圖鉤織緣編。

4 完成袖口的緣編。

5 另一側袖口也以相同作法鉤織緣編，完成主體。

8 鉤織綁帶A

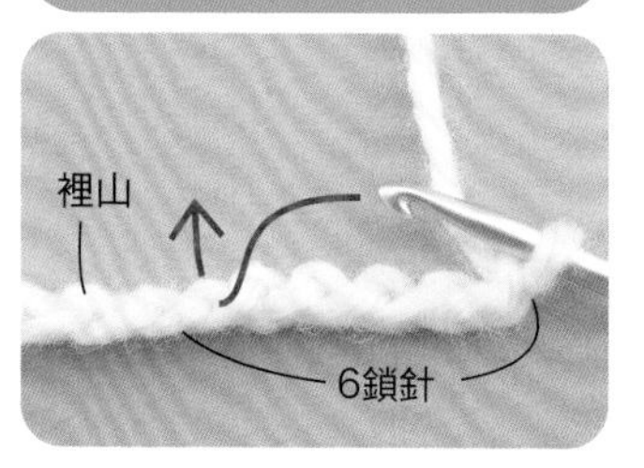

1 鉤46針鎖針，接著再鉤2針鎖針。依箭頭指示，在距離邊端第6針的鎖針裡山入針。

2 鉤引拔針。

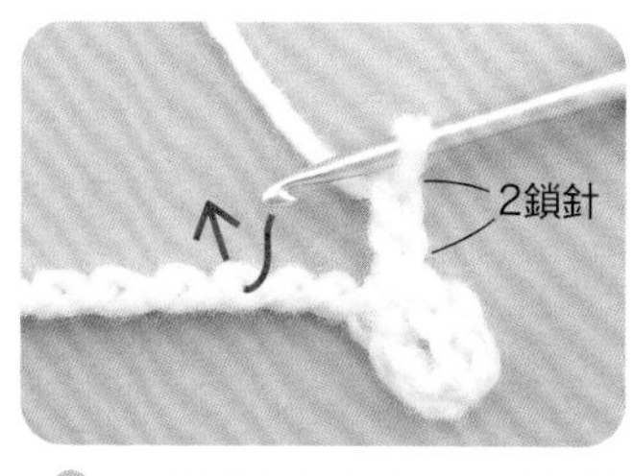

3 接著鉤2針鎖針，依箭頭指示穿入鎖針裡山，鉤引拔針固定。

4 重複相同作法，鉤織2針鎖針與引拔針完成綁帶A。

9 鉤織綁帶B

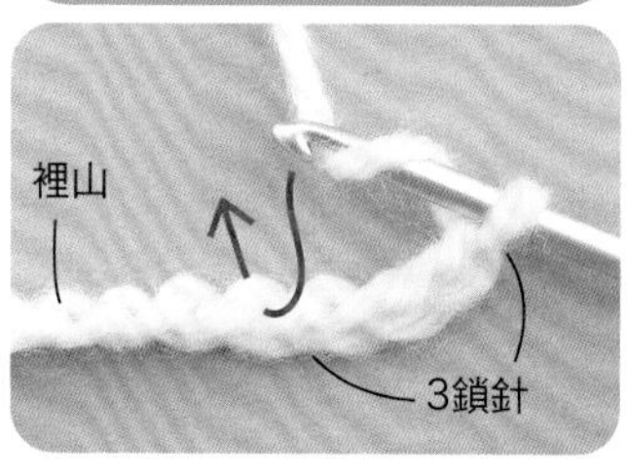

1 鉤46針鎖針，接著再鉤3針鎖針。鉤針掛線，依箭頭指示穿入距離邊端第4針的鎖針裡山，鉤織2長針的玉針。

2 完成2長針的玉針。

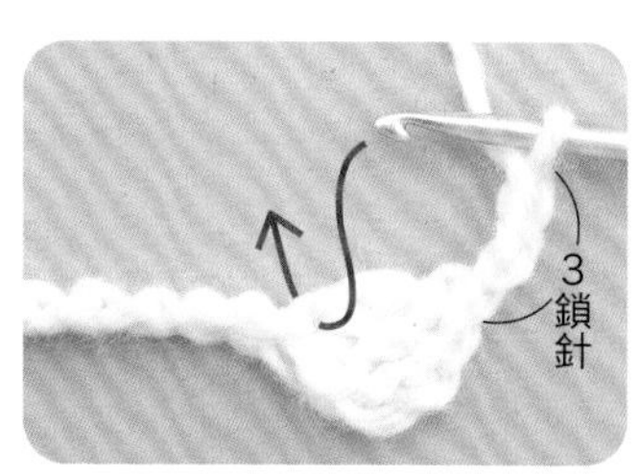

3 接著鉤3針鎖針，鉤針依箭頭指示，穿入與步驟1相同的裡山，鉤引拔針。

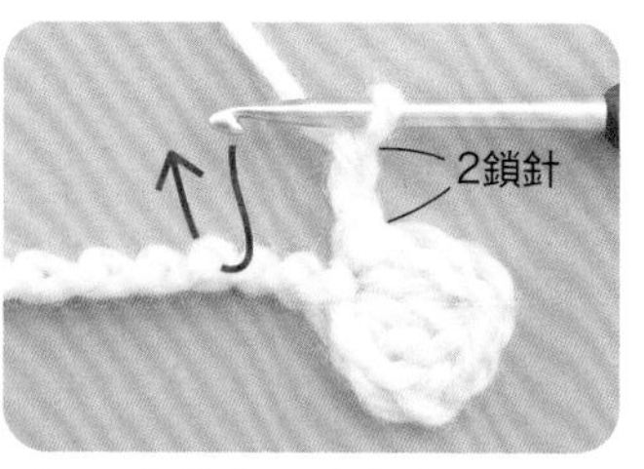

4 接著鉤2針鎖針，鉤針依箭頭指示穿入鎖針裡山，鉤引拔針固定。

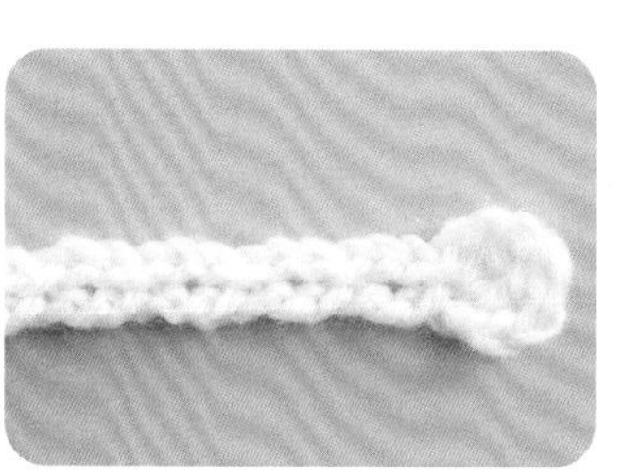

5 重複相同作法，鉤織2針鎖針與引拔針完成綁帶B。

10 接縫綁帶

1 綁帶A的起針線頭收針藏線，將收針線頭穿入縫針。如圖示，在主體的指定位置接縫綁帶A。

2 如圖示將綁帶A接縫在主體上。

3 完成綁帶A的接縫。

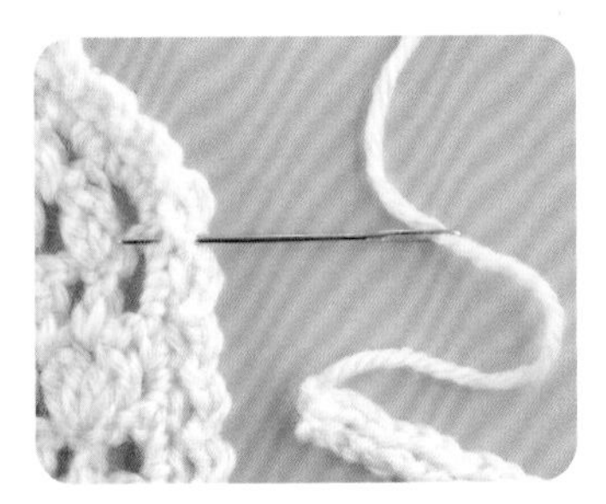

4 綁帶B也以相同作法接縫，起針處藏線，收針線頭穿入縫針，在主體的指定位置接縫綁帶B。

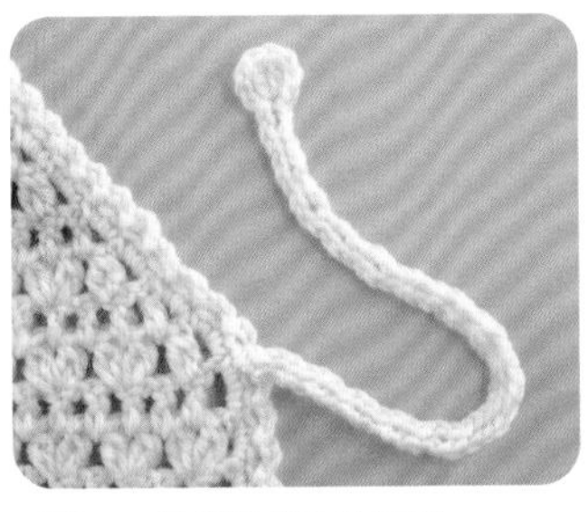

5 完成綁帶B的接縫。

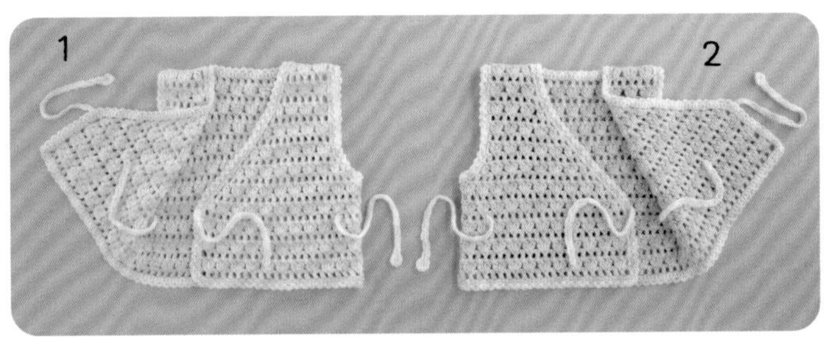

6 作品 2 接縫綁帶A、B的位置，與作品 1 左右對稱。

鉤織 1 的花樣織片

起針

(輪) 線圈的輪狀起針

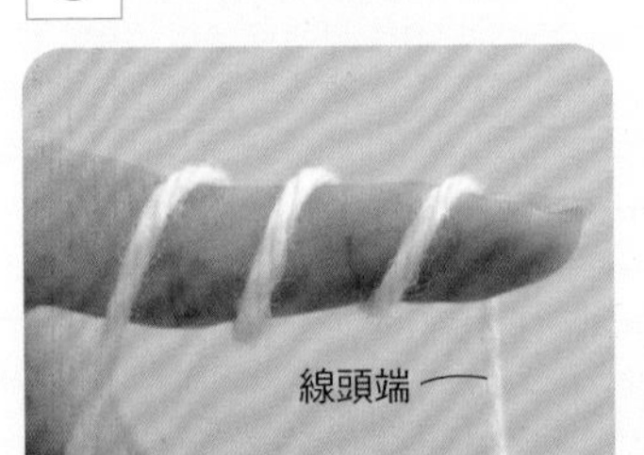

1 預留約10cm線段後，在左手食指上繞2圈。

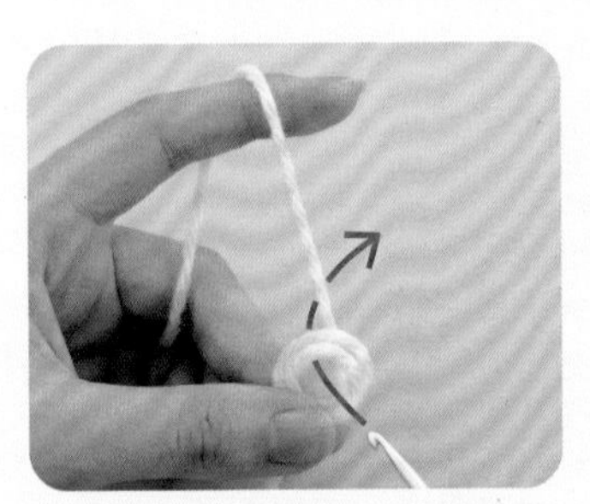

2 取下線圈，如圖壓住固定，再依箭頭指示入針。

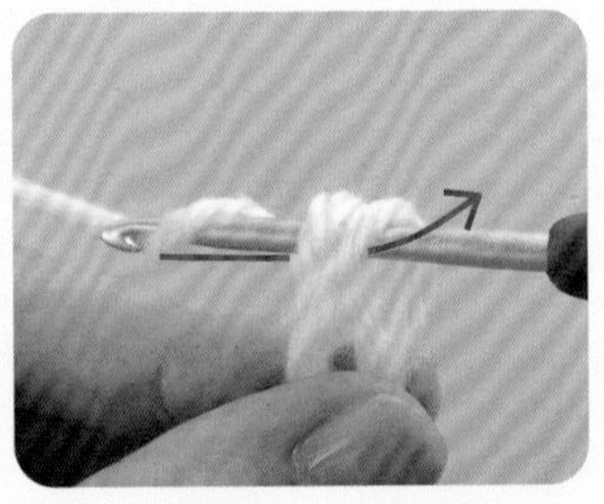

3 鉤針掛線，依箭頭指示鉤出。

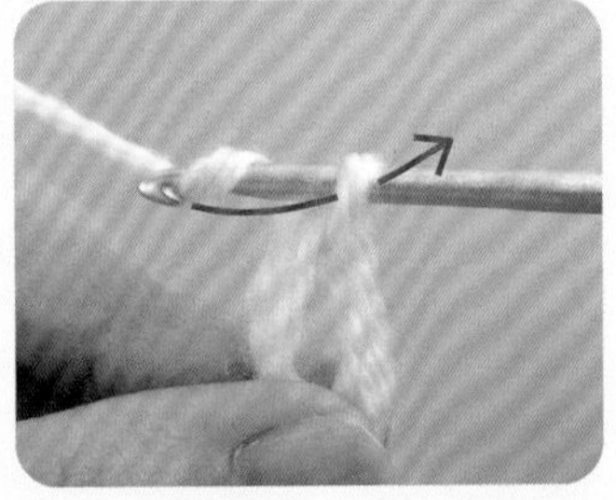

4 鉤針掛線，依箭頭指示引拔鉤出。

5 完成輪狀起針。

第1段

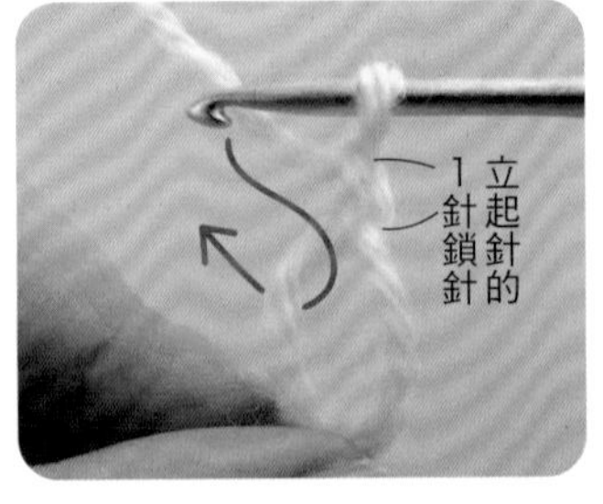

1 鉤織立起針的1針鎖針，鉤針依箭頭指示穿入線圈中。

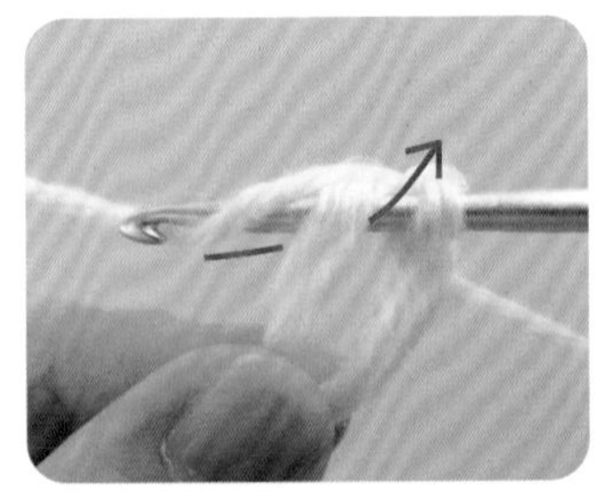

2 鉤針掛線，依箭頭指示鉤出。

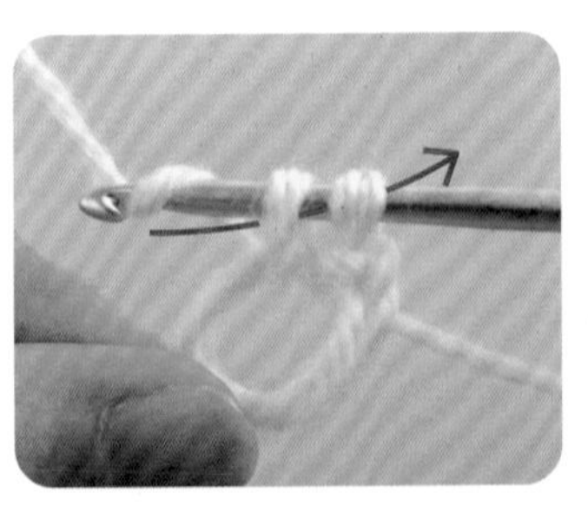

3 鉤針掛線，依箭頭指示引拔，鉤織短針。

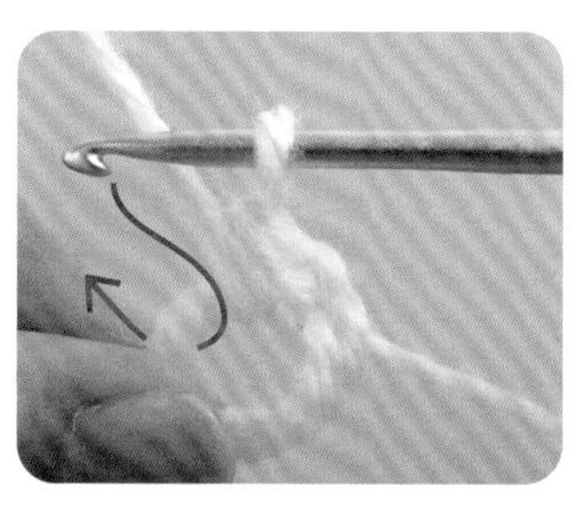

4 完成1針短針。以相同作法在輪中鉤4針短針。

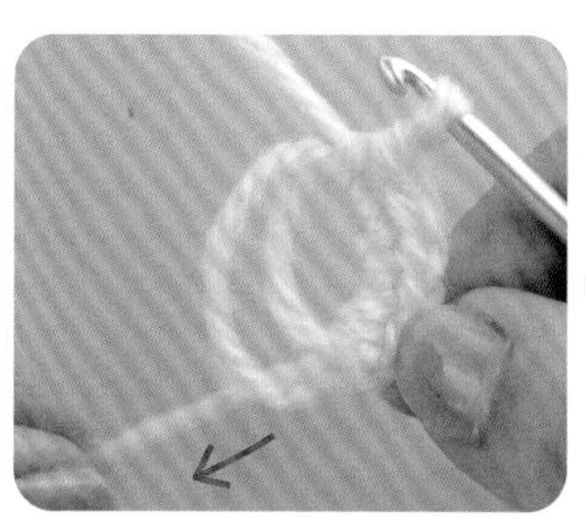

5 在輪中鉤完5針短針的模樣。輕拉線頭後，改拉連動的線圈來收緊另一線圈。

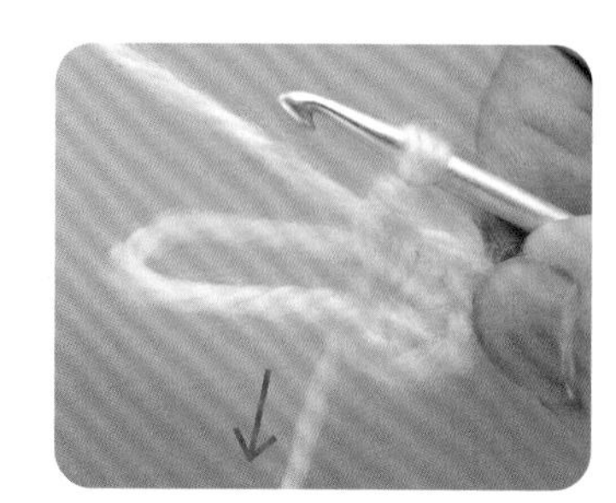

6 收緊另一線圈的模樣。依指示下拉線頭，收緊連動的線圈，使輪中央密合。

改換色線（鉤織花樣織片時）

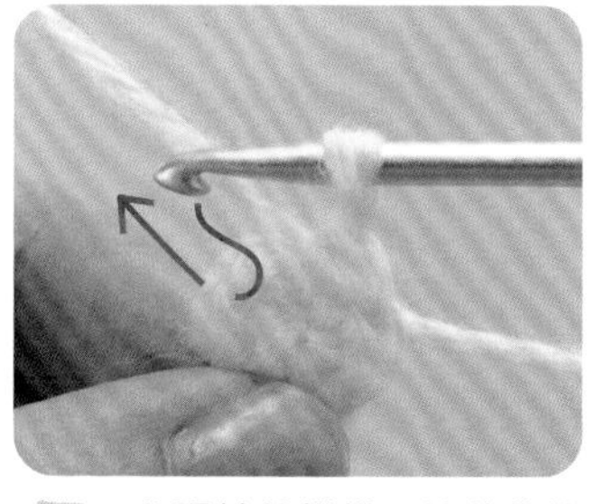

7 收緊輪的模樣。接著依箭頭指示入針，挑第1針短針針頭的2條線。

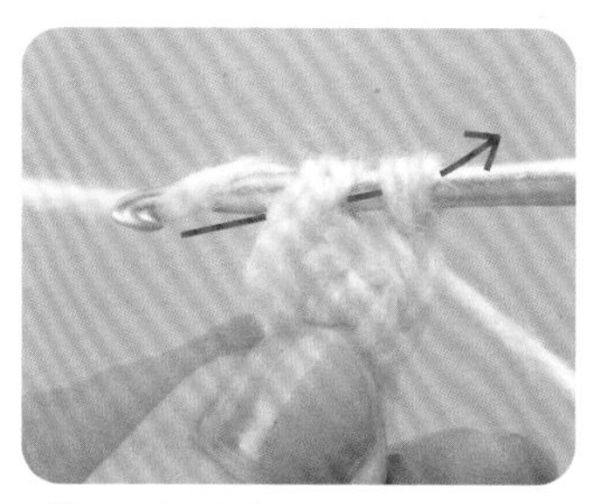

8 鉤針掛B色織線，依箭頭指示鉤織引拔針。

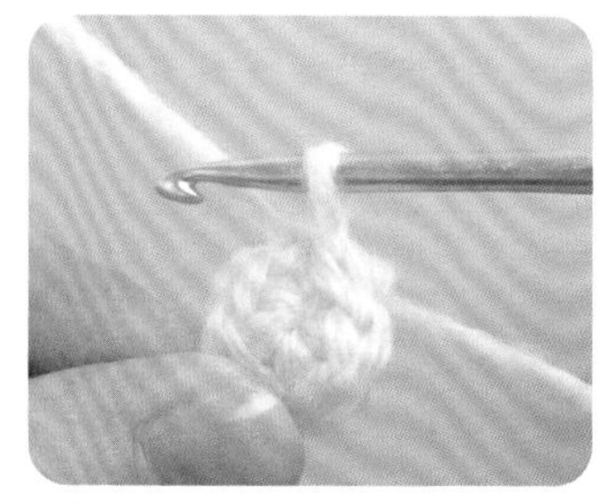

9 完成引拔針的模樣。完成第1段。

第2段

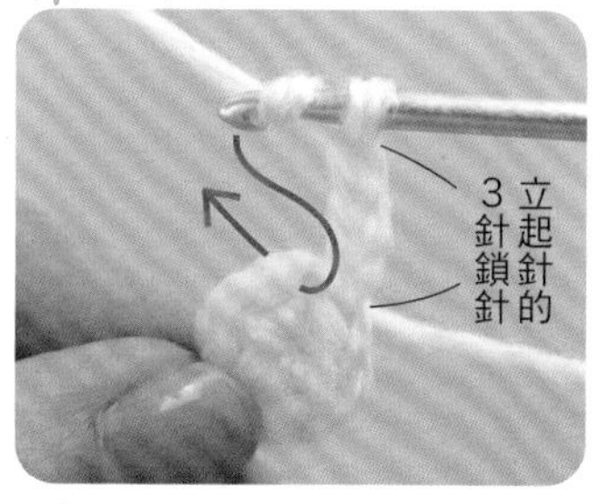

1 鉤織立起針的3針鎖針，依箭頭指示入針，鉤織長針。

2 完成1針長針。

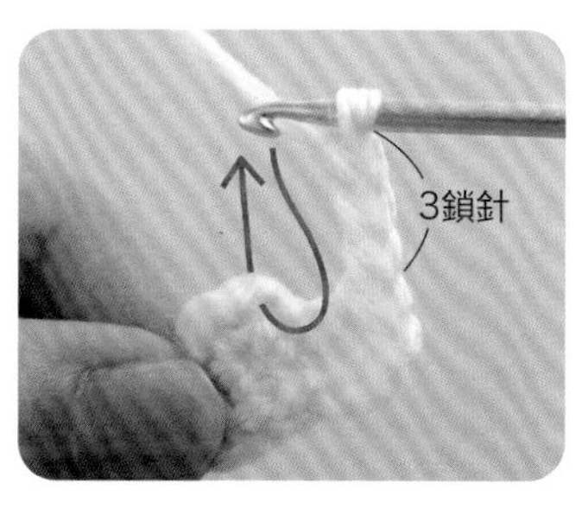

3 鉤3針鎖針，依箭頭指示入針鉤引拔針。

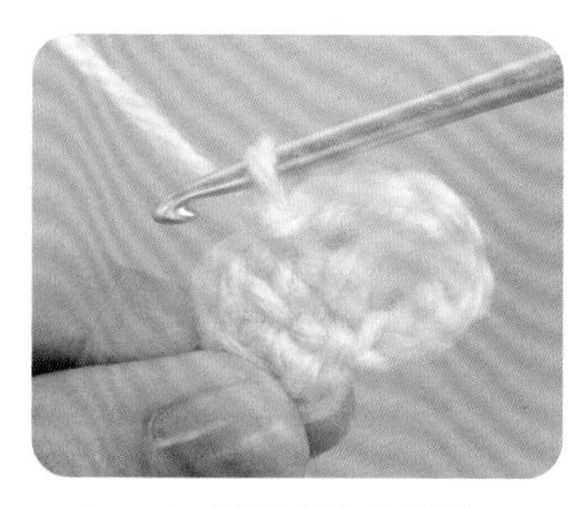

4 完成引拔針的模樣。至此完成1片花瓣，繼續參照織圖進行鉤織。

5 完成花朵織片。

接縫花朵織片

1 將花朵織片以珠針固定在指定的接縫位置。

2 縫針穿入共線後，依箭頭指示在花朵背面與主體正面交錯挑針，接縫固定。

3 完成花朵織片的接縫。

4 其餘花朵也以相同作法接縫。

嬰兒鞋

作為居家裝飾也很可愛的嬰兒鞋，亦十分適合作為賀禮。

鞋子主體皆以相同作法鉤織，只是變化不同裝飾。

作法 P.18

織線…Wister Lala Baby

設計…川路祐三子

2way洋裝／POMPKINS

3
4
5

P.17 3・4・5

使用織線
Wister Lala Baby
3 原色（6）15g
4 藍綠色（4）13g
原色（6）5g
5 粉紅色（2）12g
原色（6）4g

其他材料
3・4 鈕釦（12mm）各2顆

工具
鉤針「Amure」3/0號

完成尺寸
腳長 10cm

作法
1. 鎖針起針，以花樣編鉤織鞋底、鞋幫、鞋面。
2. 鉤織緣編。
3. 作品3鉤織鞋帶，作品4鉤織鞋舌與鞋帶，作品5鉤織花朵織片。
4. 作品3、4縫上鈕釦，作品5接縫花朵織片。

鞋底
中長針・長針　A色　3/0號鉤針
66針
5.5c
3c（3段）
5c（鎖針起針16針）
2c（3段）
10c

3・4・5 共通
鞋面
花樣編　A色
3/0號鉤針
2c（3段）
從鞋底挑66針
挑48針
鞋幫
花樣編　A色
3/0號鉤針
※加減針與鞋面的挑針，請參照織圖。
短針　A色
3/0號鉤針

3・4・5 共通
鞋底・鞋幫・鞋面
織圖

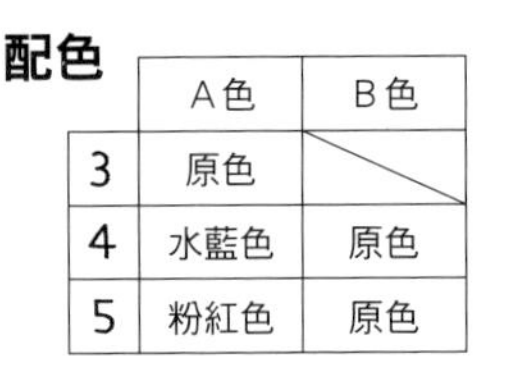

配色

	A色	B色
3	原色	
4	水藍色	原色
5	粉紅色	原色

▷＝接線
▶＝剪線

③接新線，鉤織鞋面。
鞋後跟中央
腳尖中央
⑤以休針的線鉤織短針。
②不剪線，暫時休針。
5 接縫花朵織片位置
鞋幫
鞋底
鞋面
④剪線。
①起針處，鎖針起針16針。

3 緣編・鞋帶
短針　A色　3/0號鉤針
鞋帶
1c（3段）
9c（挑24針）
鎖針起針20針
1.2c（4段）
0.5c（1段）
緣編
繞1圈挑46針

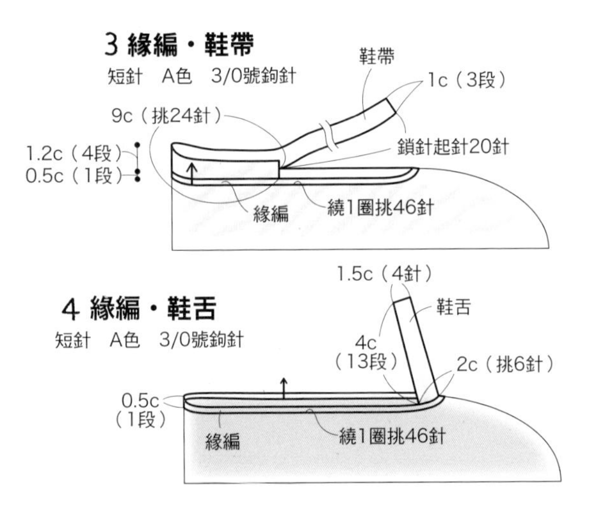

4 緣編・鞋舌
短針　A色　3/0號鉤針

3 緣編・鞋帶（右腳）織圖

3 緣編・鞋帶（左腳）織圖

●＝接縫鈕釦位置

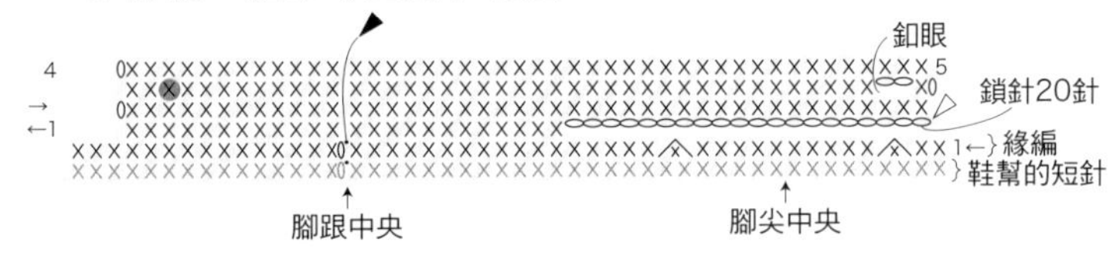

4 緣編・鞋舌織圖

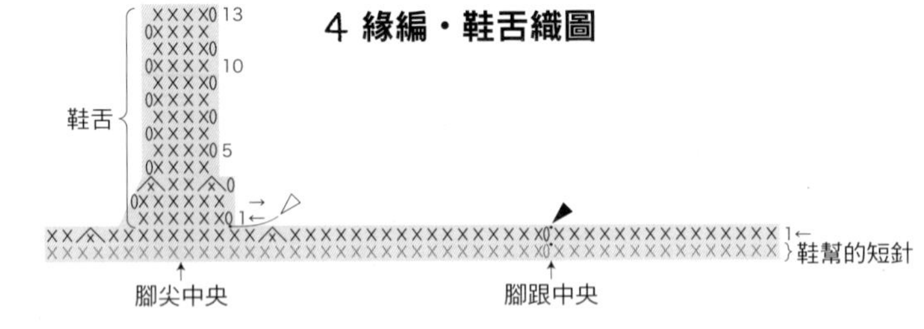

4 鞋帶（右腳）
短針　B色　3/0號鉤針
釦眼
※釦眼參照織圖鉤織。
※左腳是與右腳左右對稱鉤織。

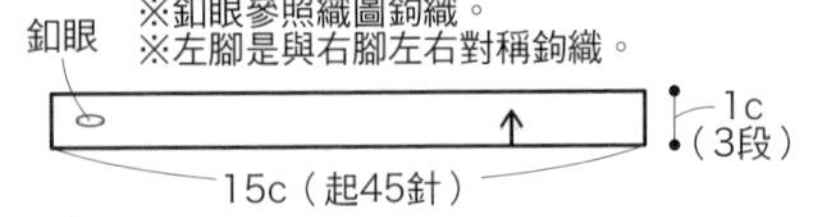

4 鞋帶（右腳）織圖
●＝接縫鈕釦位置
釦眼
起針處 鎖針起針45針
鞋跟中央
鞋帶的捲針縫位置
※左腳的釦眼・鈕釦位置・鞋帶的捲針縫位置皆與右腳對稱。

花朵織片織圖（2片）
3/0號鉤針
輪
3.5c
1・2段・・・A色
3段・・・B色

5 緣編
B色　3/0號鉤針

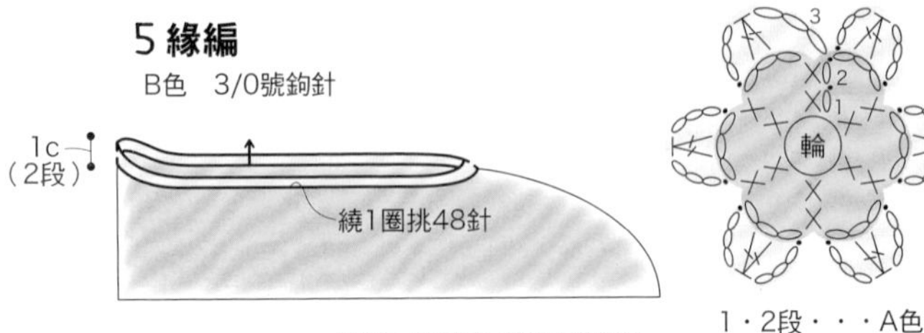

5 緣編織圖

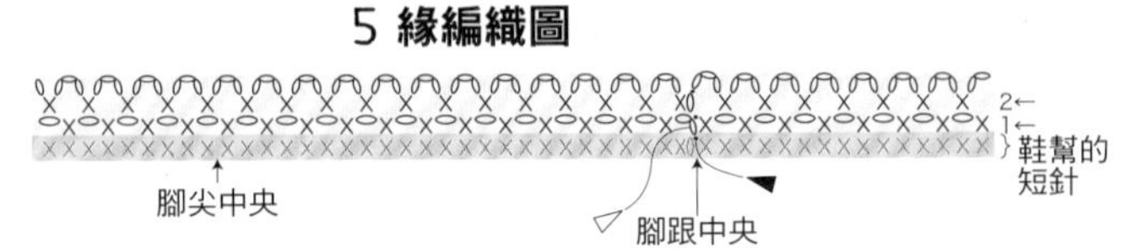

※組合完成方式皆參照P.21。

鞋底・鞋幫織法

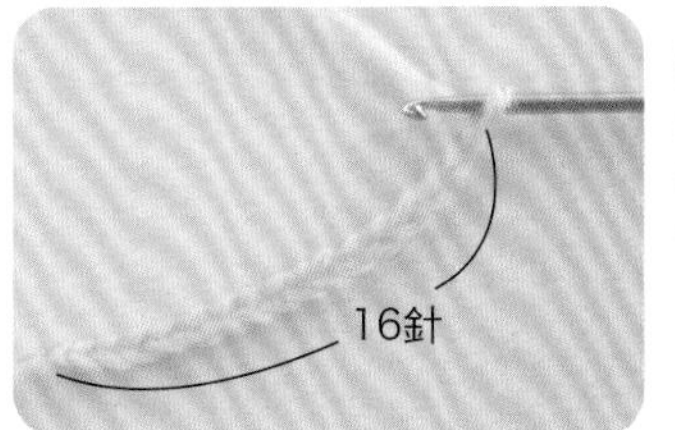

1 鎖針起針16針。

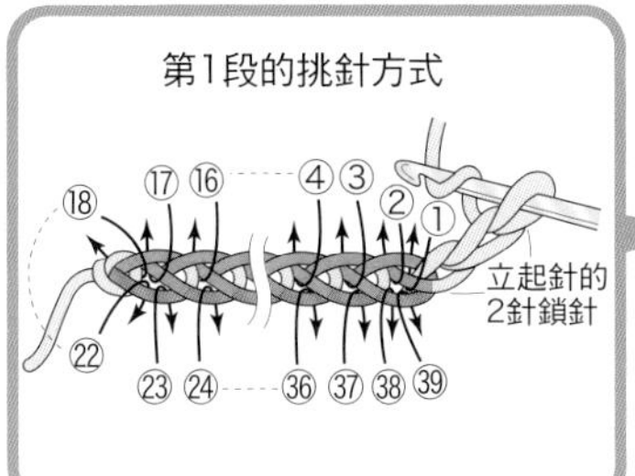

中長針

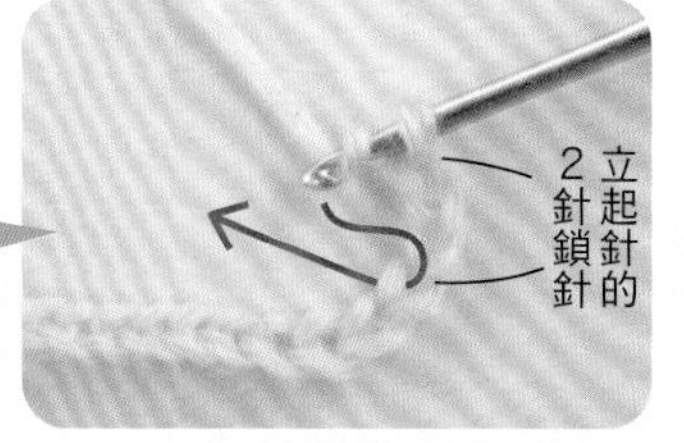

2 起針後接著鉤織立起針的2針鎖針。鉤針掛線，依箭頭指示入針。

3 鉤針掛線，依箭頭指示鉤出。

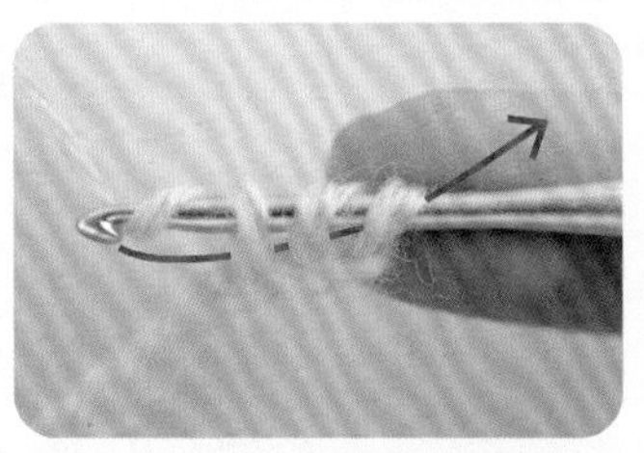

4 鉤針掛線，依箭頭指示一次引拔針上所有線圈。

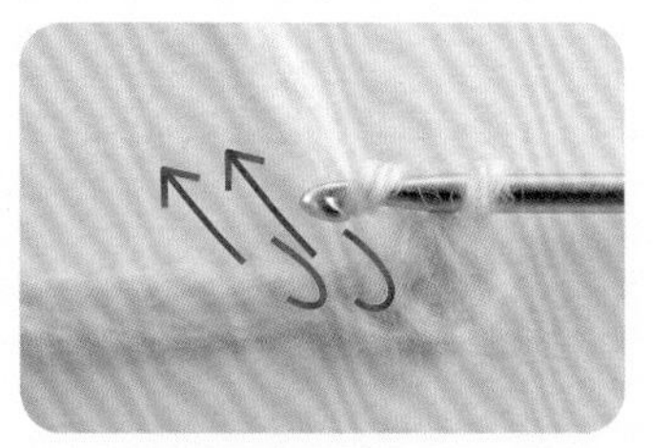

5 完成1針中長針。接著同樣先在鉤針上掛線，分別依箭頭指示挑針，參照織圖鉤織。

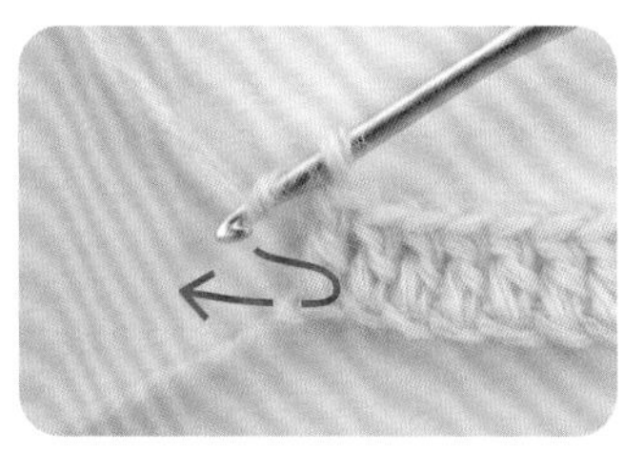

6 鉤至起針針目邊端。在同一針目鉤織6針長針，作出側邊的半圓。鉤織途中，織片會變成上下相反的模樣。

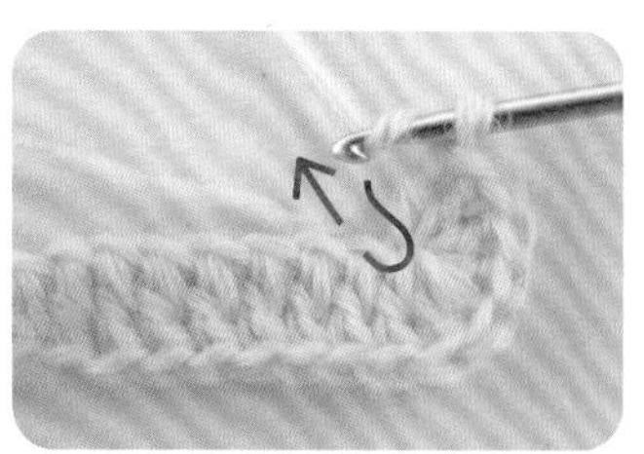

7 挑起針針目剩下的1條線，同樣鉤織長針與中長針。鉤織時，要將起針的線頭一起包入。

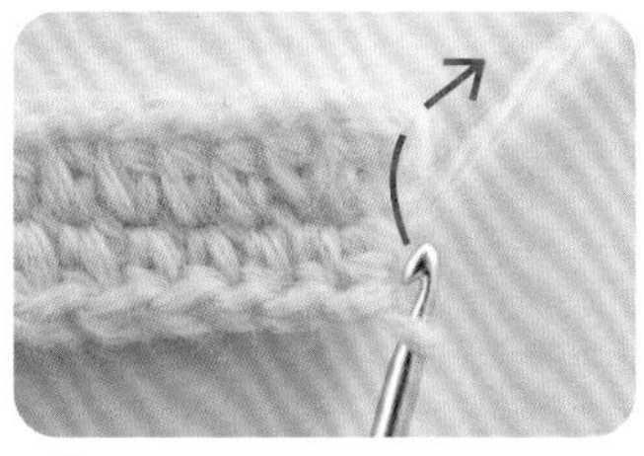

8 在另一側的起針邊端針目鉤2針中長針，依箭頭指示，在立起針的第2針鎖針入針，鉤織引拔針。

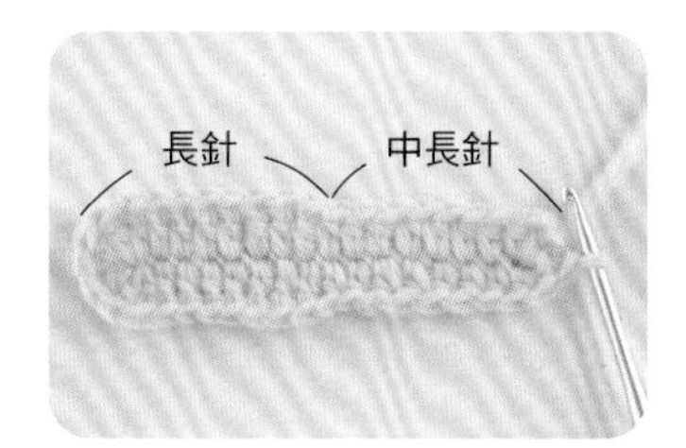

9 完成第1段。

2中長針加針

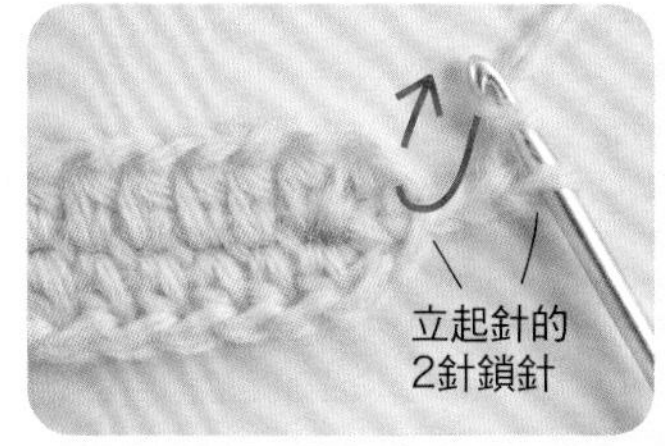

10 鉤織第2段立起針的2針鎖針。鉤針掛線，依箭頭指示在第1段的中長針挑針，鉤1針中長針。接著在相同針目入針，再鉤1針中長針。

11 完成2中長針加針（加1針）。鉤針掛線依箭頭指示挑下1針目，依織圖繼續鉤織。

2長針加針

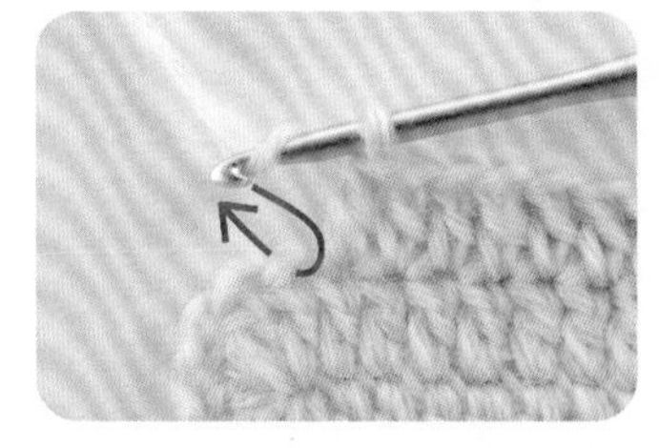

12 鉤針掛線，依箭頭指示挑針，鉤織長針。接著在相同針目入針，再鉤1針長針。

13 完成2長針加針（加1針）。鉤針掛線，依織圖繼續鉤織。

14 完成鞋底第2段。

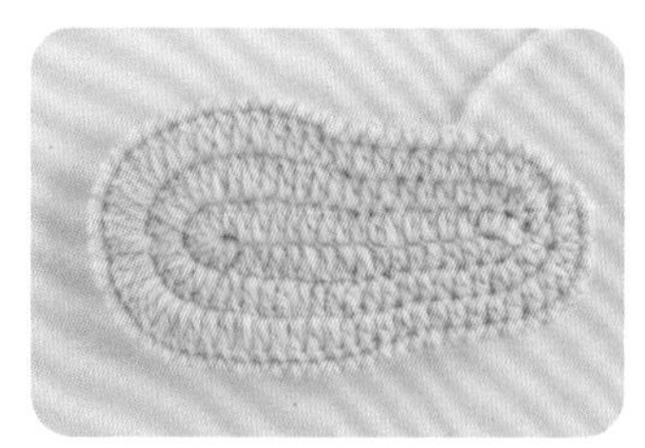

15 以相同作法鉤織第3段。完成鞋底。

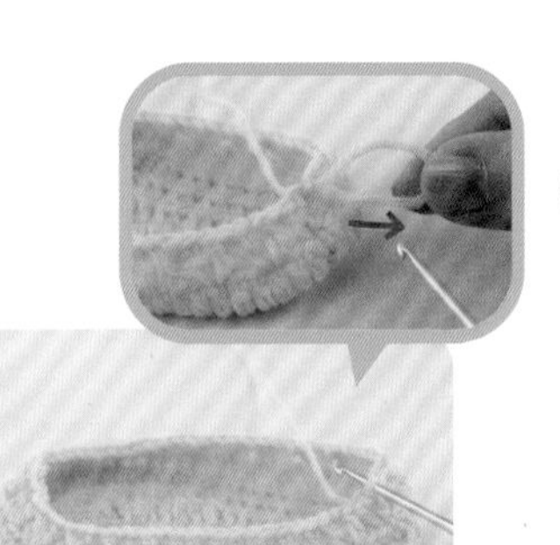

鞋面織法

※為了讓解說更清晰易懂，使用不同色線示範。

16 接著繼續鉤織鞋幫。參照織圖鉤織2段後，將線圈拉大，取下鉤針後休針。

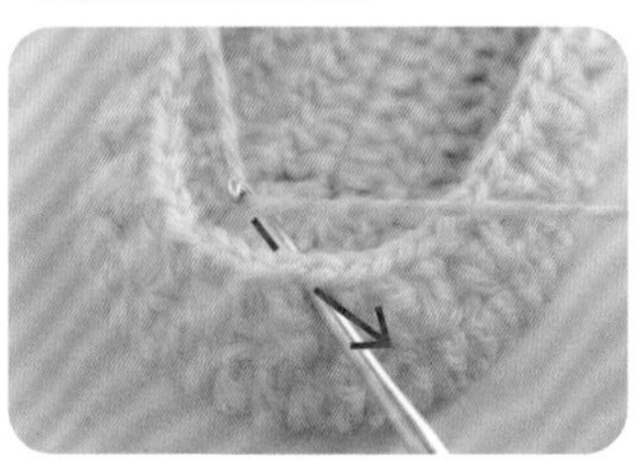

1 如圖示在鞋面接線處入針，鉤針掛新線後依箭頭指示鉤出。

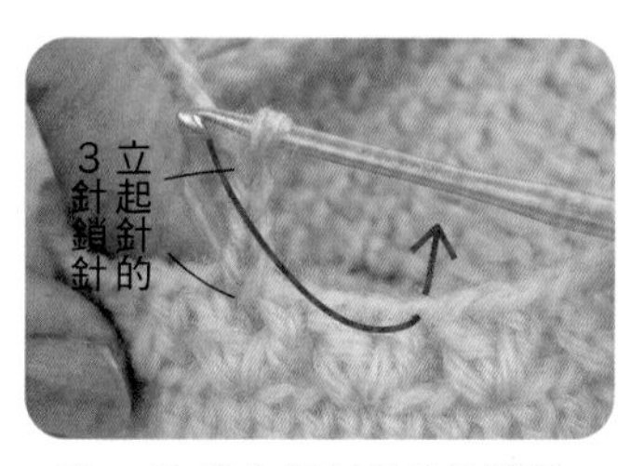

2 鉤織立起針的3針鎖針，依箭頭指示入針。

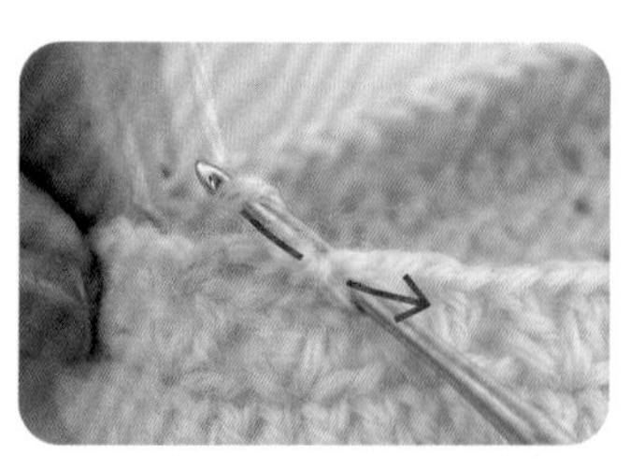

3 鉤針掛線，依箭頭指示鉤引拔針。

4 完成引拔針的模樣。

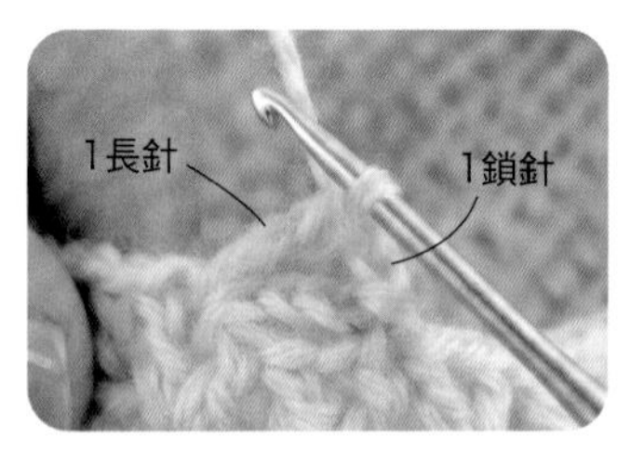

5 接著鉤1針鎖針與1針長針。

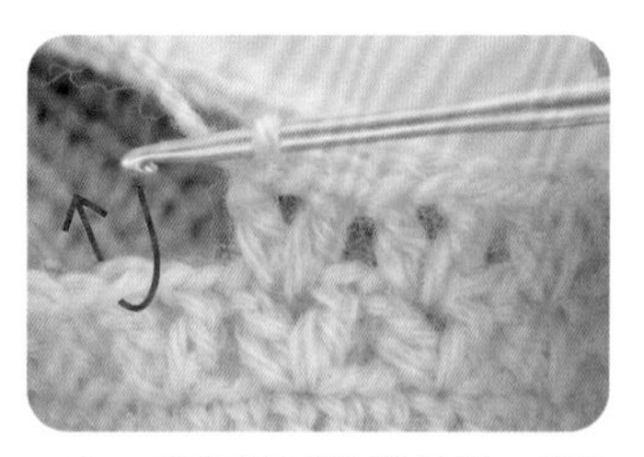

6 參照織圖繼續鉤織。第1段的最後1針，是依箭頭指示挑針鉤引拔針。

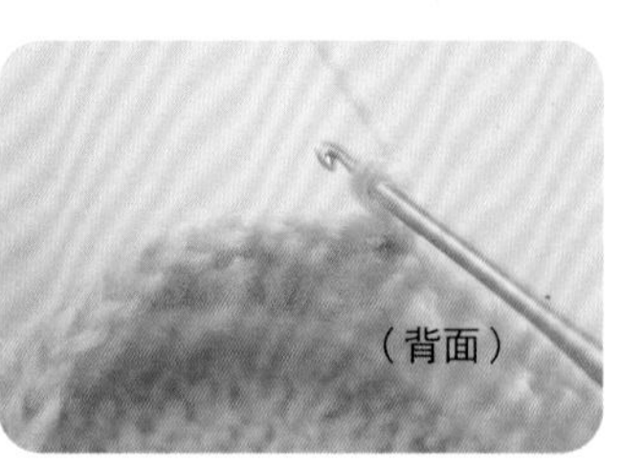

7 旋轉鞋子，成為內側朝向自己，織線在外側的模樣。

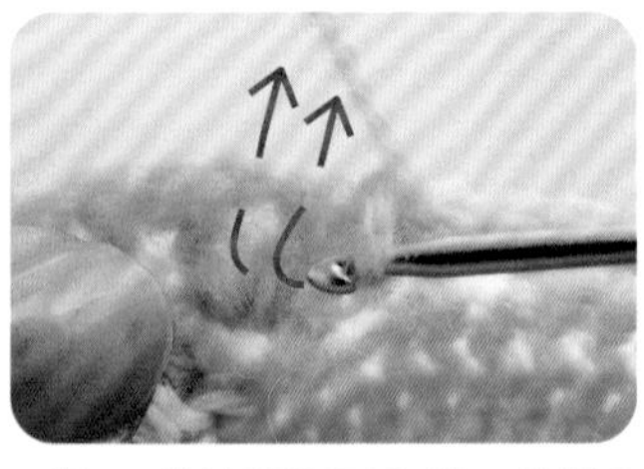

8 依箭頭指示入針，鉤織2針引拔針。

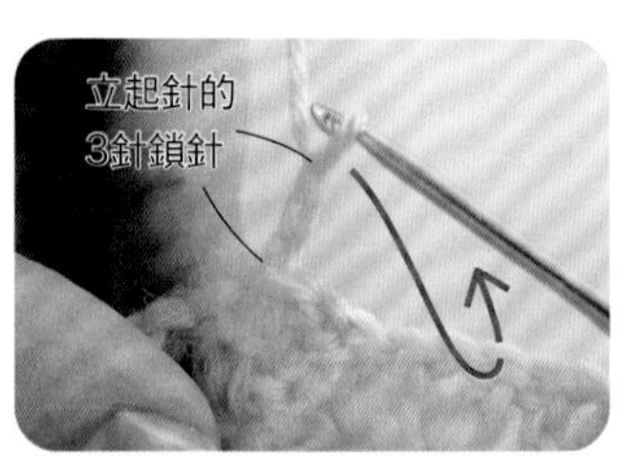

9 鉤織立起針的3針鎖針，鉤針依箭頭指示入針，同步驟2一樣鉤引拔針。

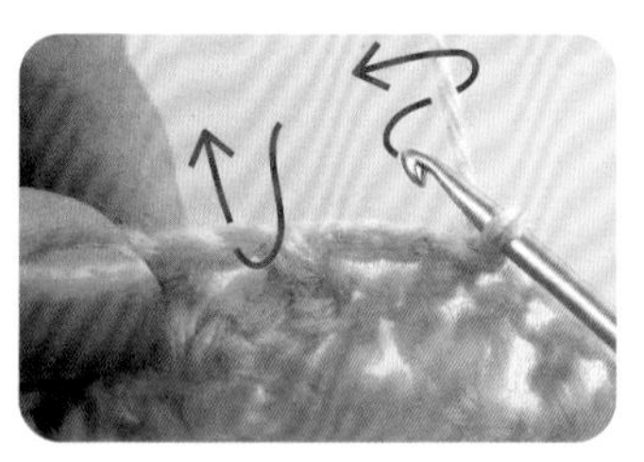

10 完成引拔針的模樣。接著與步驟5相同，鉤針掛線鉤1針鎖針，再次掛線後挑針鉤1針長針。

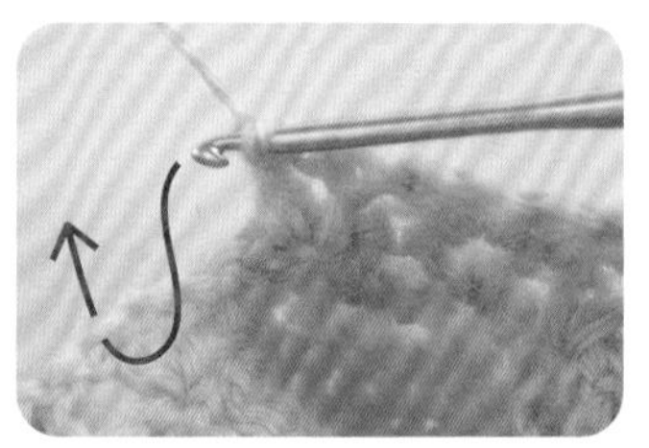

11 參照織圖繼續鉤織。在第2段的最後1針，依箭頭指示入針鉤引拔針。

12 參照織圖，以相同作法鉤至鞋面第3段的模樣。

3·4 緣編

2短針併針

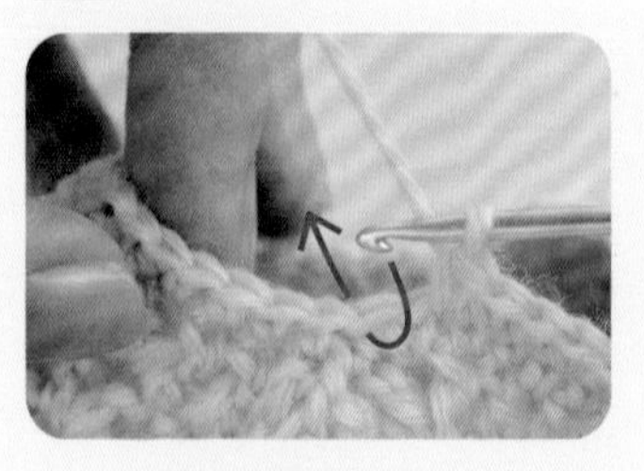

1 鉤針依箭頭指示入針，掛線後鉤出。

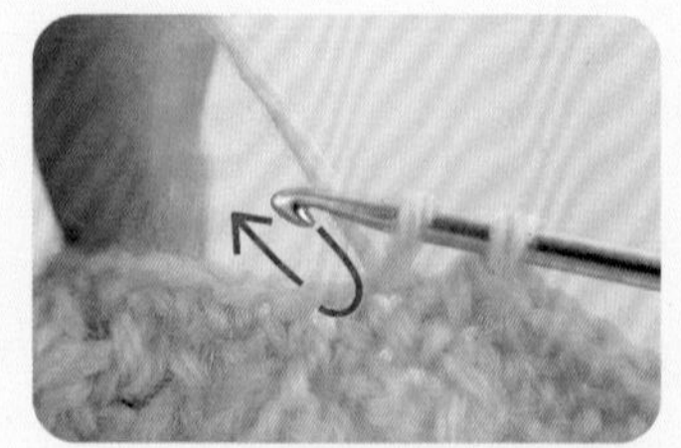

2 鉤出織線的模樣。直接鉤織下一針，鉤針依箭頭指示入針，同樣掛線鉤出。

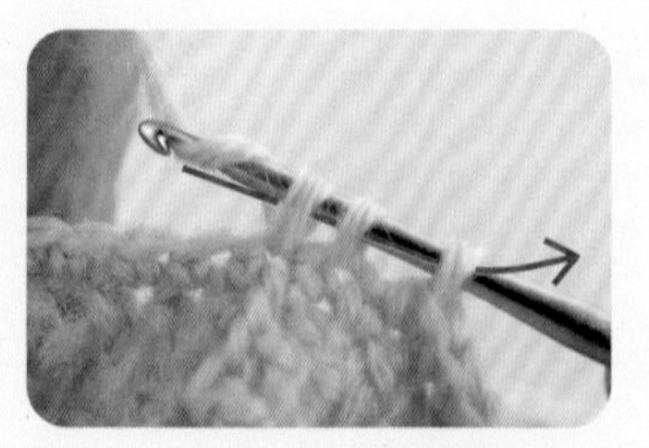

3 鉤針掛線，依箭頭指示一次引拔針上所有線圈。

4 的組合方法

❶鉤織鞋舌

※為了讓解說更清晰易懂，使用不同色線示範。

4 完成2短針併針。

1 在接線位置接上新線，參照織圖鉤織鞋舌。

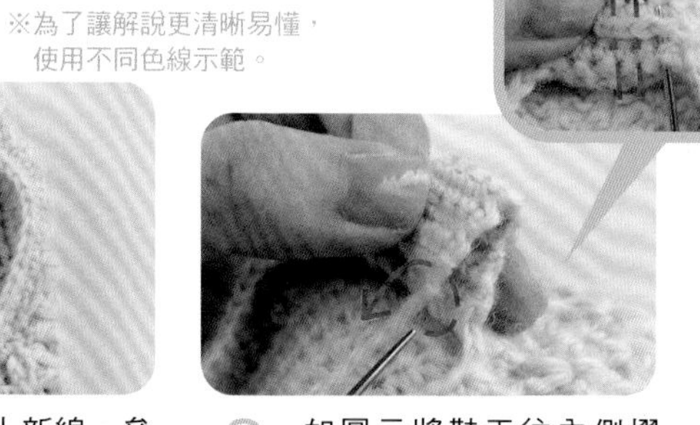

2 如圖示將鞋舌往內側摺疊，縫針穿線後依箭頭指示挑針，作捲針縫。

3 完成鞋舌。

❷接縫鞋帶與主體，縫上鈕釦。

捲針併縫（背面相對疊合，挑鎖狀針頭的1條線縫合）

※為了讓解說更清晰易懂，使用不同色線示範。

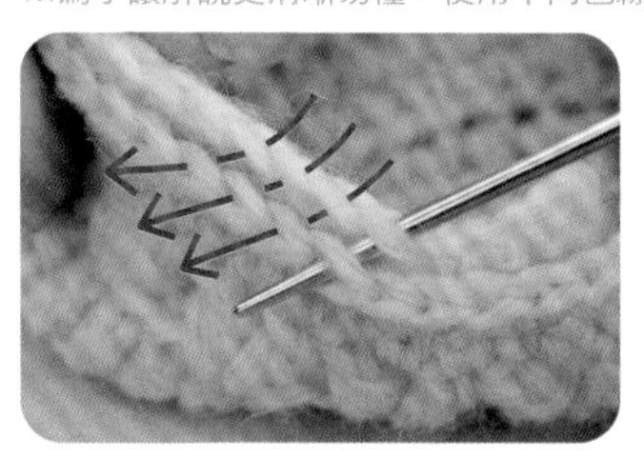

1 縫針穿線。主體與鞋帶背面相對疊合，如圖示一對一挑鎖狀針頭的1條線。

2 一針一針挑針拉線，進行併縫。

接縫鈕釦

※為了讓解說更清晰易懂，使用不同色線示範。

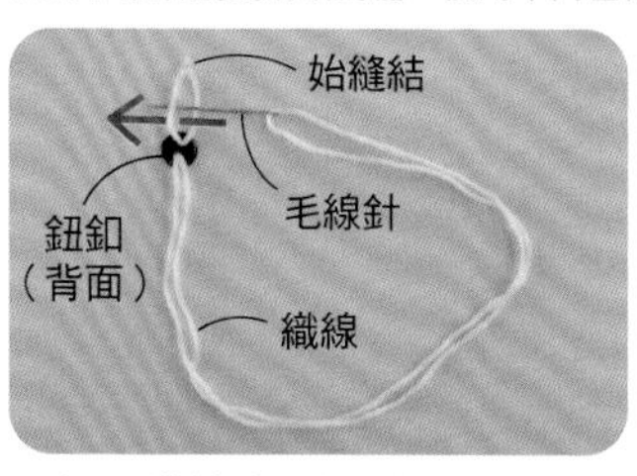

1 織線穿入縫針，線頭打結後穿過鈕釦，如圖固定縫線與釦子。

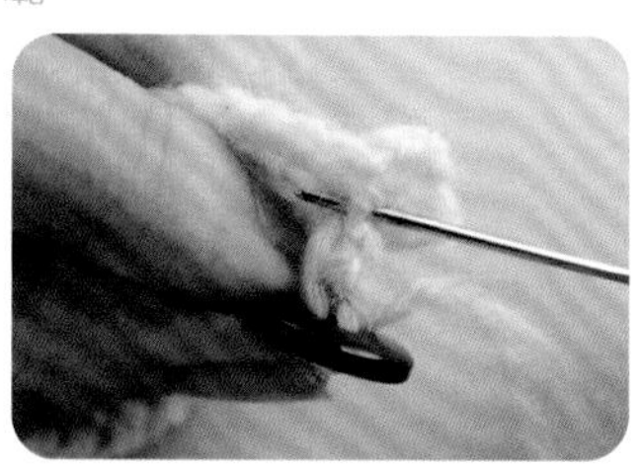

2 在鞋帶的指定位置接縫鈕釦。

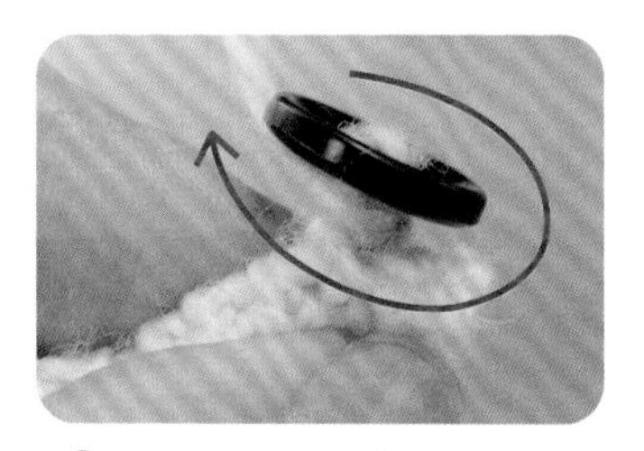

3 在織片與鈕釦間繞線2～3次。

4 配合織片厚度決定釦腳長度，在鞋帶背面打止縫結固定。

完成作品4！

3 的組合方法

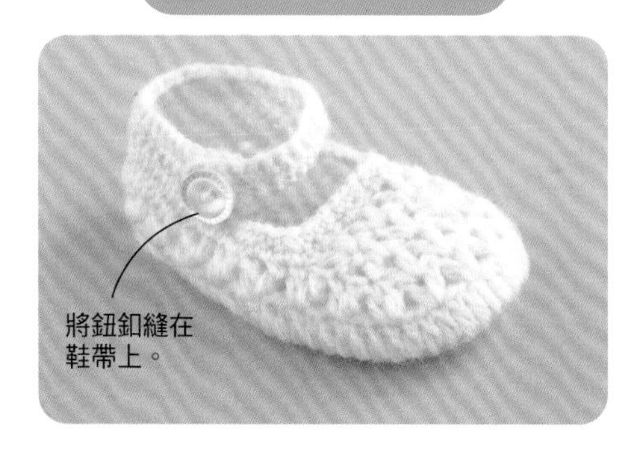

5 的組合方法

嬰兒手套

以有機棉線鉤織的嬰兒手套，摸起來觸感良好令人安心。

手套中央以爆米花針作為點綴。

作法 P.23

織線…Wister Eden Angel

設計…橫山純子

P.22 6・7

使用纖線

Wister Eden Angel
6 白色（1）20g
7 水藍色（5）20g

工具

鉤針「Amure」5/0號

密度（10cm正方形）

長針 21.5針 10段

完成尺寸

手圍15cm 長10.5cm

作法

1. 輪狀起針，以花樣編鉤織手套。
2. 接著繼續鉤織緣編。
3. 鎖針起針，鉤織綁帶。
4. 在指定位置穿入綁帶。

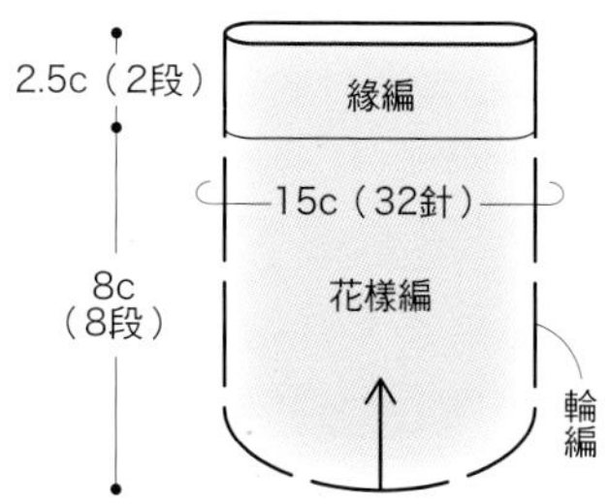

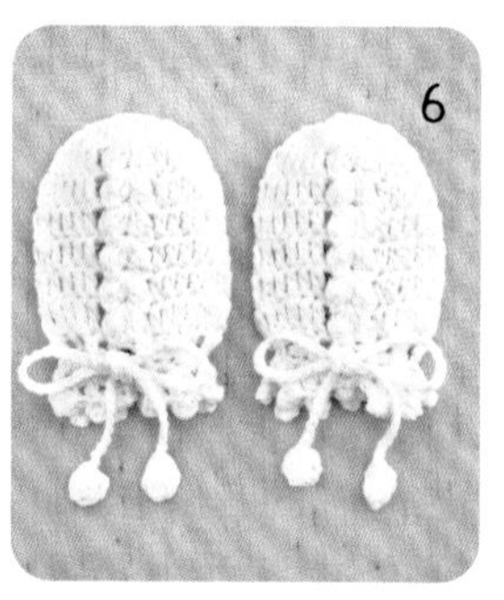

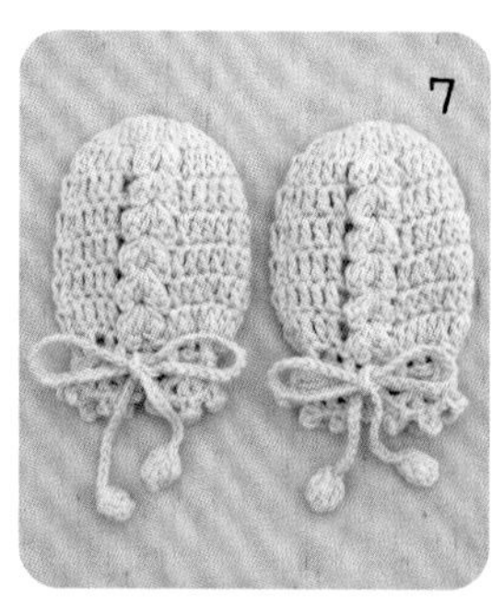

嬰兒手套織圖

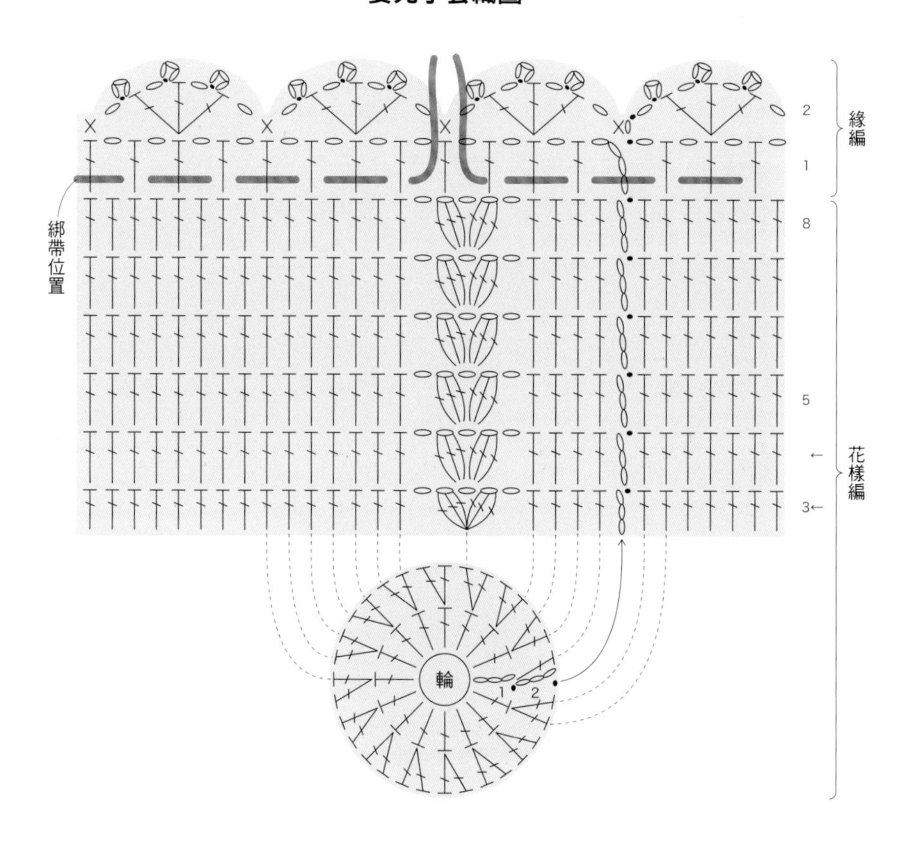

組合完成

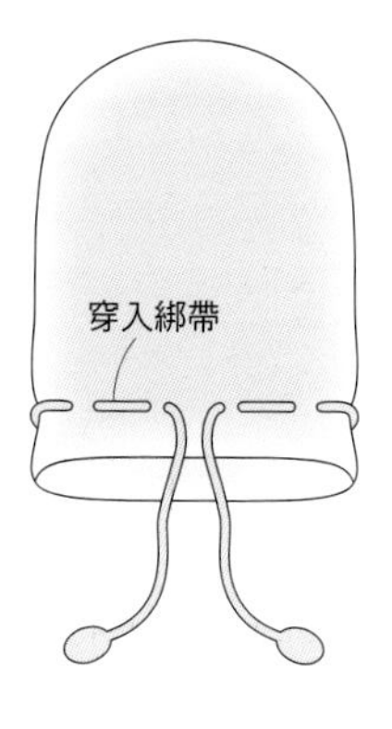

綁帶織圖（2條）

5/0號鉤針

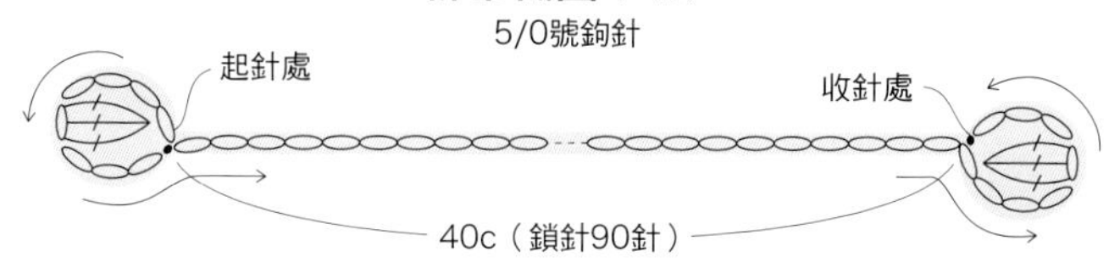

花樣編第3段

3長針的爆米花針

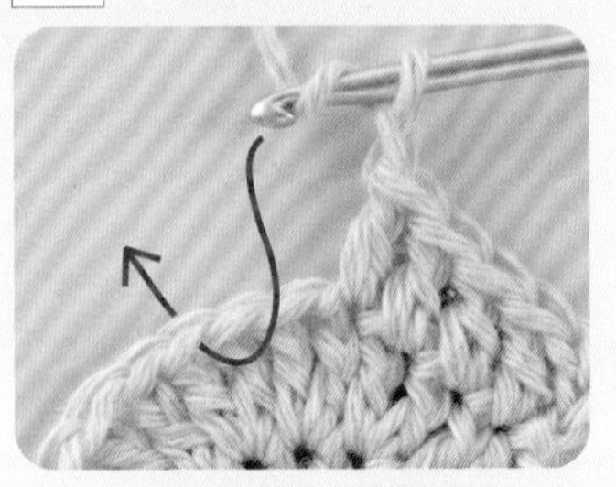

1 鉤針掛線，依箭頭指示挑針，鉤入3針長針。

2 完成3針長針。鉤針暫時抽離線圈。

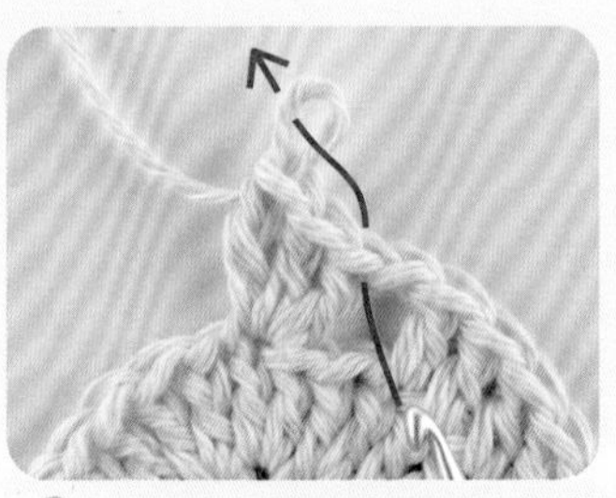

3 鉤針從第1針長針的鎖狀針頭挑2條線入針，再穿過原本的線圈。

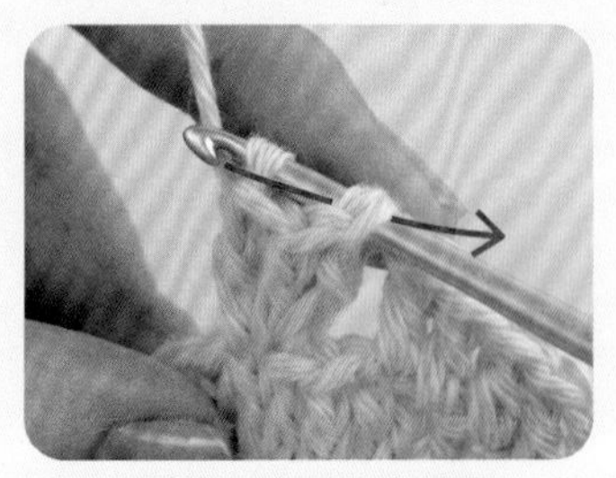

4 依箭頭指示鉤出線圈。

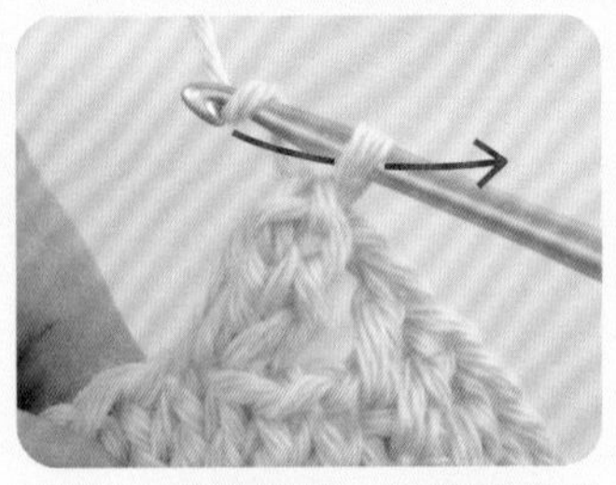

5 鉤針掛線，依箭頭指示鉤1引拔針拉緊固定。

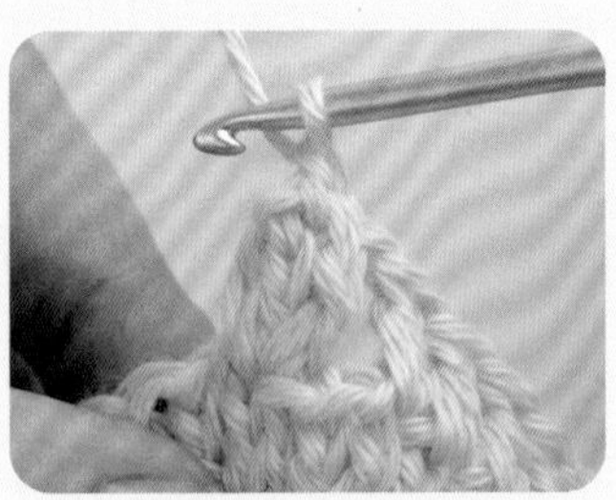

6 完成3長針的爆米花針。

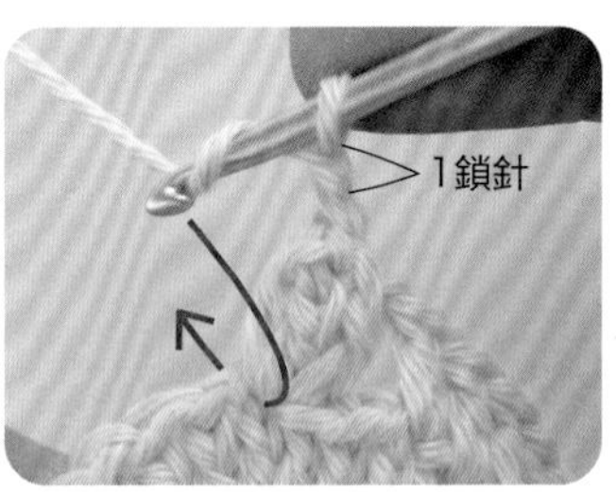

7 接著鉤1針鎖針，鉤針掛線，依箭頭指示在同1針目入針，再鉤1個3長針的爆米花針。

8 完成第2個3長針的爆米花針。

緣編第3段

結粒針

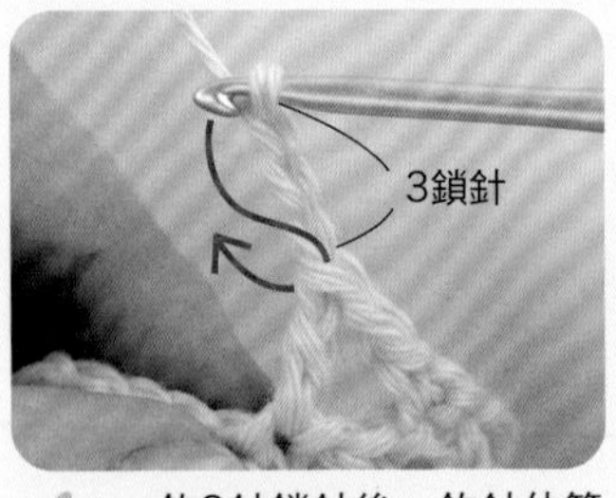

1 鉤3針鎖針後，鉤針依箭頭指示穿入。

2 鉤針掛線。

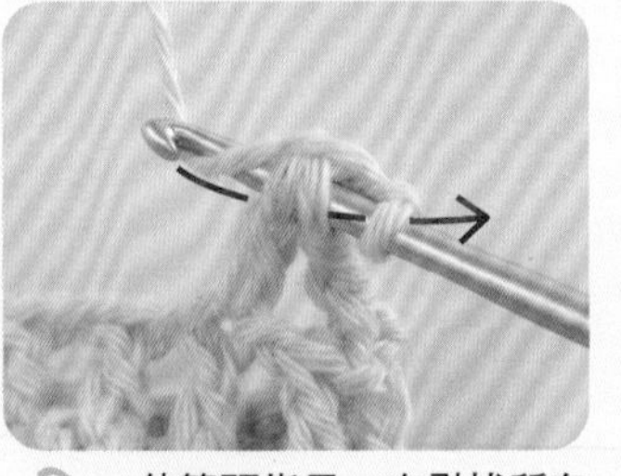

3 依箭頭指示一次引拔所有線圈。

4 完成1針結粒針。

綁帶織法

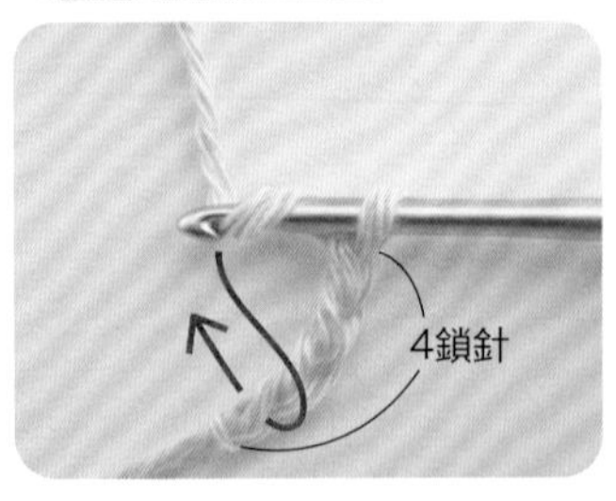

1 鉤針掛線，依箭頭指示挑針，鉤織3長針的爆米花針。

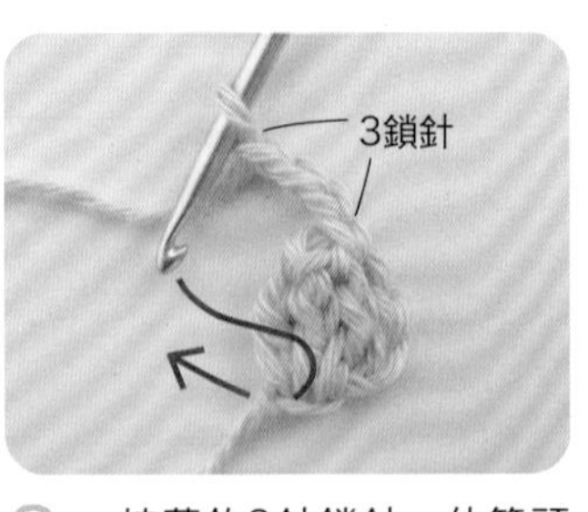

2 接著鉤3針鎖針，依箭頭指示挑第1針的鎖針鉤引拔針。

3 鉤織90針鎖針。

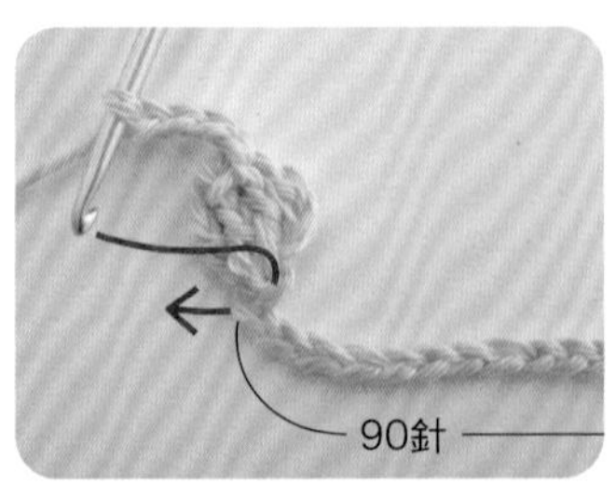

4 完成鎖針部分後，依序鉤織4針鎖針、3長針的爆米花針、3針鎖針，最後依箭頭指示入針鉤引拔。

包巾

僅以一款花樣織片，就能組合出繽紛多彩的包巾，
只要抓到訣竅就能輕鬆鉤織完成。
之後還能當作蓋毯或墊子長久使用下去。

個月

作法 P.26

織線…Wister Baby Baby
設計…岡本啓子
製作…松岡和永

附背心兼用洋裝/SENSE OF WONDER
（MILLI COMPANY LTD.）

8

P.25　8

使用織線

Wister Baby Baby
原色（2）230g
粉紅色（4）55g
水藍色（8）30g
淺紫色（11）15g
黃綠色（10）10g

工具

鉤針「Amure」5/0號

完成尺寸

長 約61cm　寬 約76.5cm

作法

1. 輪狀起針，鉤織1片織片A。
2. 第2片開始，一邊鉤織織片的最後一段，
   一邊與相鄰織片接合，依配色鉤織織片A～D，全部共63片。
3. 沿包巾四周鉤織緣編。

織片A～D織圖

5/0號鉤針

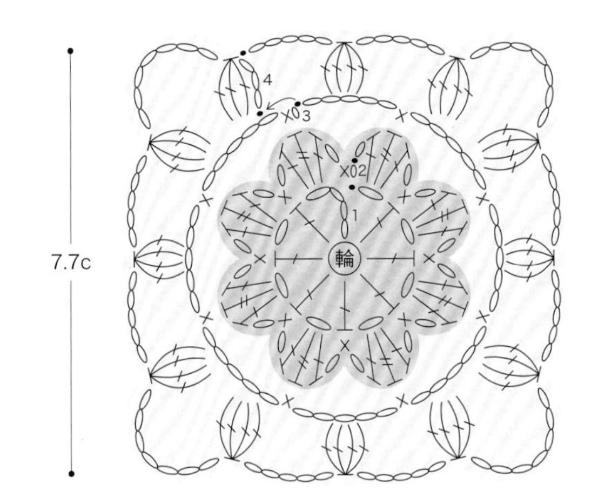

※織片A～D的配色＆數量請參照左側表格。

織片配色＆數量表

	織片A	織片B	織片C	織片D
1・2段	粉紅色	水藍色	淺紫色	黃綠色
3・4段	原色	原色	原色	原色
數量	32片	16片	9片	6片

織片排列方式＆緣編

※依數字順序接合織片。

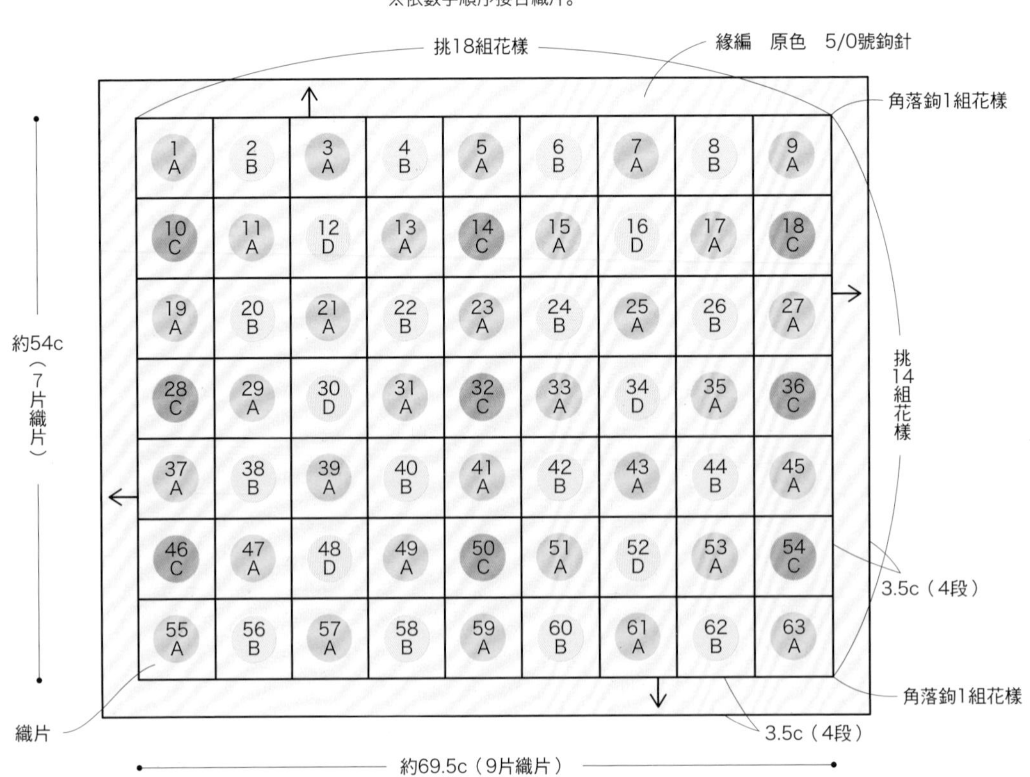

織片拼接方式＆緣編織圖

※在箭頭指示的針目鉤織引拔針接合織片。

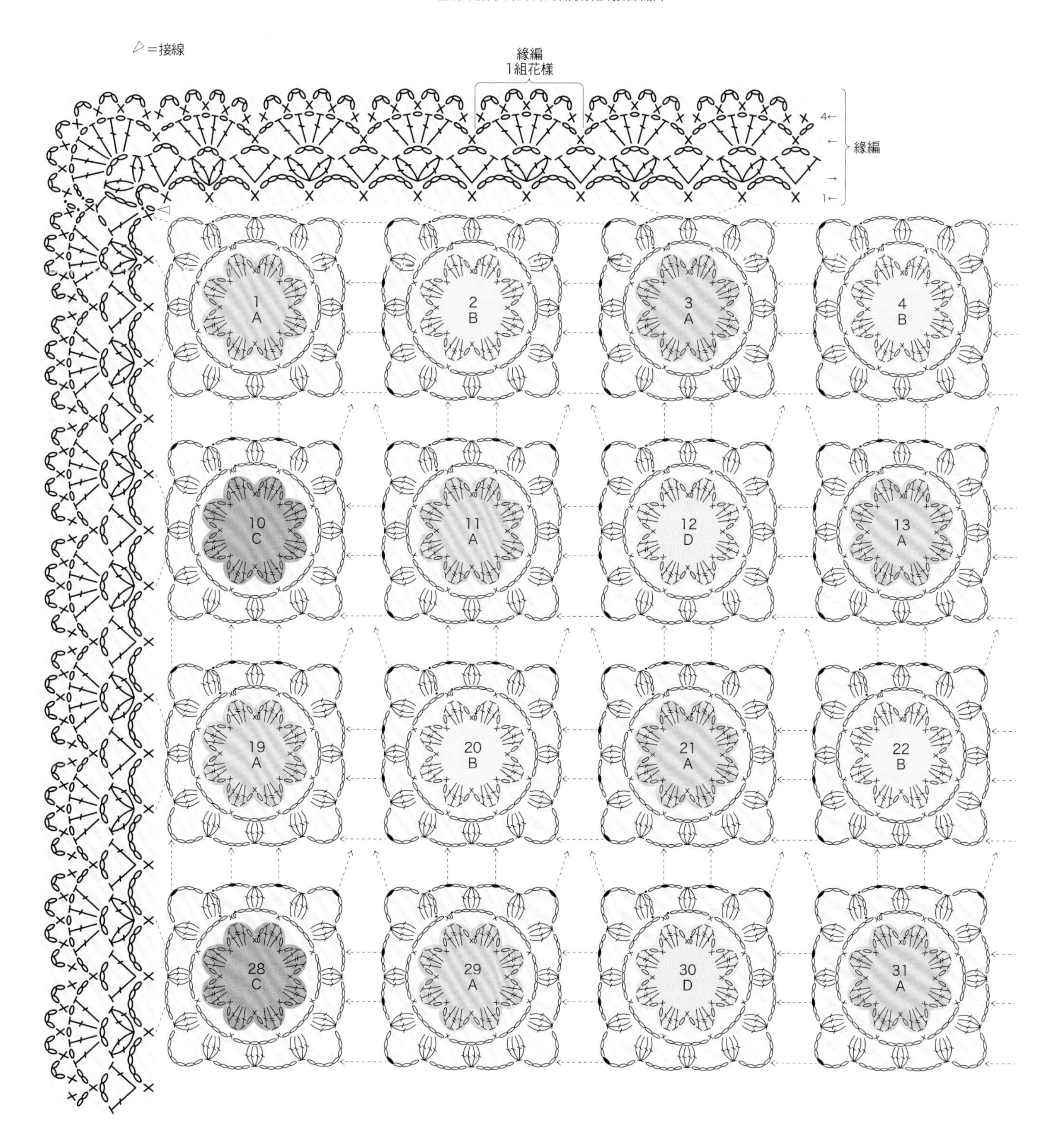

織片A～D第2段

長長針

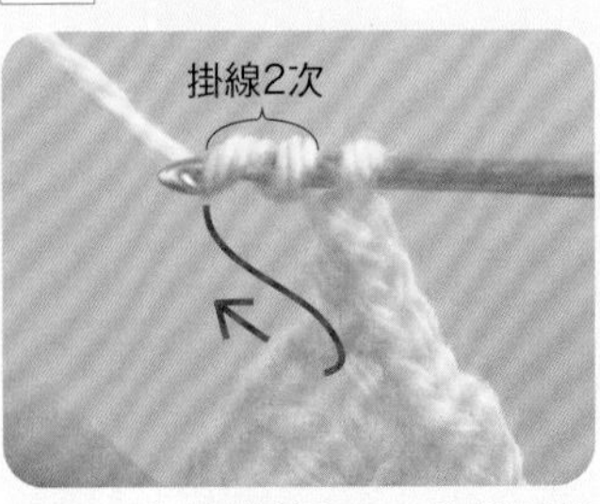

1 鉤針掛線2次，依箭頭指示入針，鉤出織線。

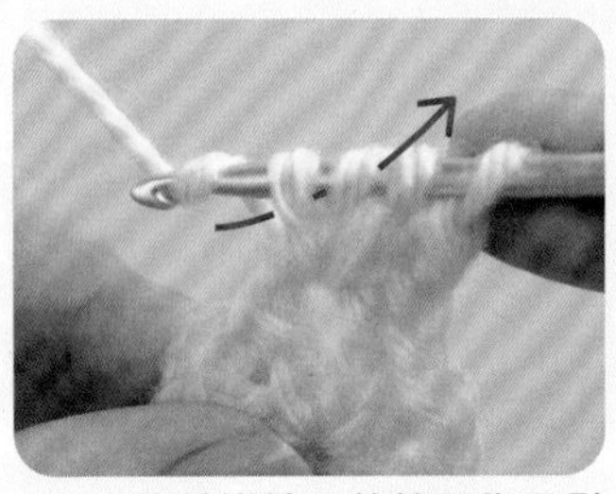

2 鉤針掛線，依箭頭指示引拔針上的前2條線。

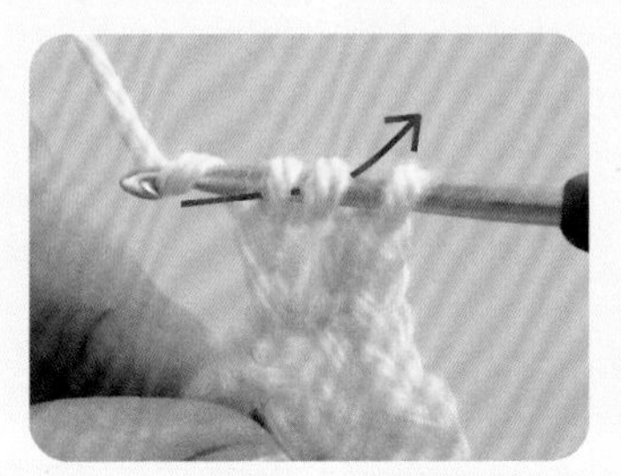

3 鉤針掛線，依箭頭指示引拔針上的前2條線。

4 鉤針掛線，依箭頭指示引拔針上的最後2條線。

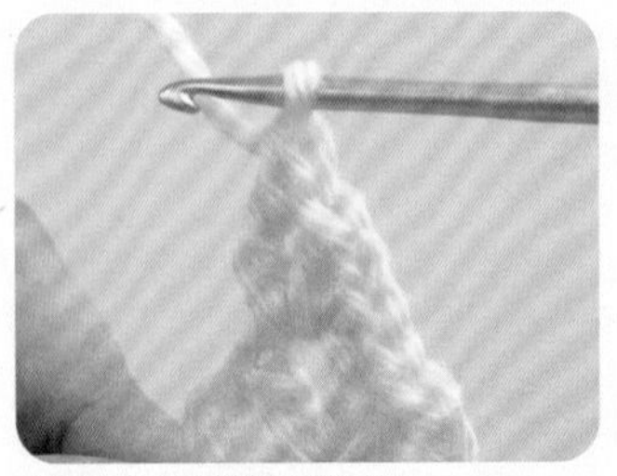

5 完成長長針。

第4段

立起針的3鎖針與3長針的玉針

1 鉤織立起針的3針鎖針，鉤針掛線後依箭頭指示，挑束鉤織3針未完成的長針。

2 完成3針未完成的長針。鉤針掛線，依箭頭指示一次引拔針上所有針目。

3 完成立起針的3鎖針與3長針的玉針。

4長針的玉針

1 鉤針掛線，依箭頭指示挑束，鉤4針未完成的長針。

2 完成4針未完成的長針。鉤針掛線，依箭頭指示一次引拔針上所有針目。

3 完成4長針的玉針。

織片拼接方式

※一邊鉤織織片最終段，一邊與相鄰織片接合。

※為了讓解說更清晰易懂，使用不同色線示範。

1 完成第1片織片。

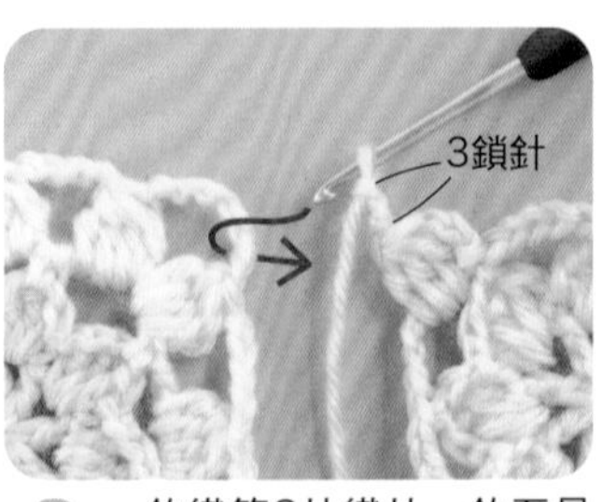

2 鉤織第2片織片，鉤至最終段的拼接針目時，鉤針依箭頭指示，從第1片的正面入針挑束。

3 鉤針掛線，依箭頭指示鉤引拔針。

4 完成織片間的一處接合。

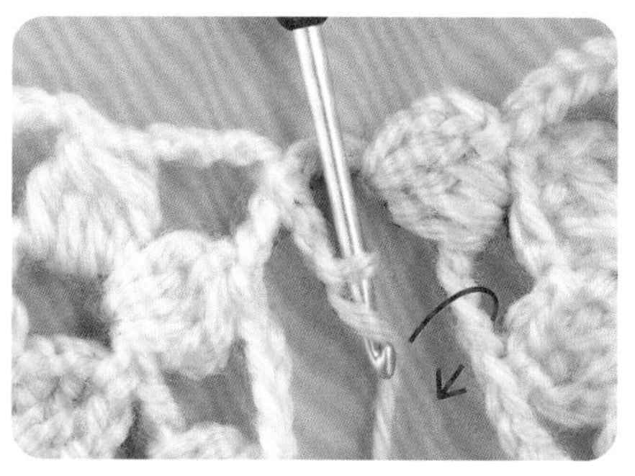

5 接著鉤3針鎖針，繼續鉤織織片2。

6 其餘3個接合處也以相同作法鉤織。完成第2片織片的拼接。

3片以上的織片拼接方式

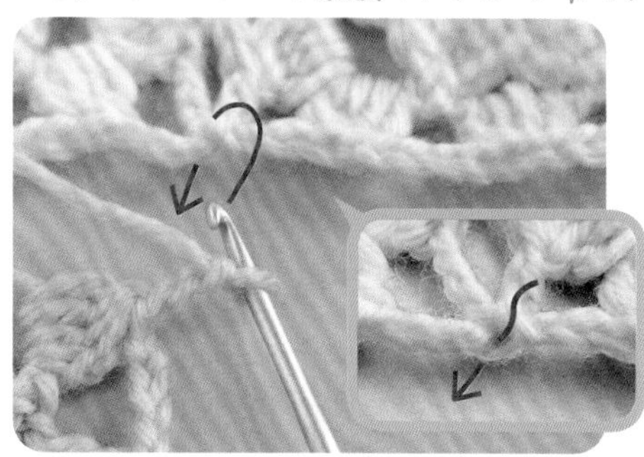

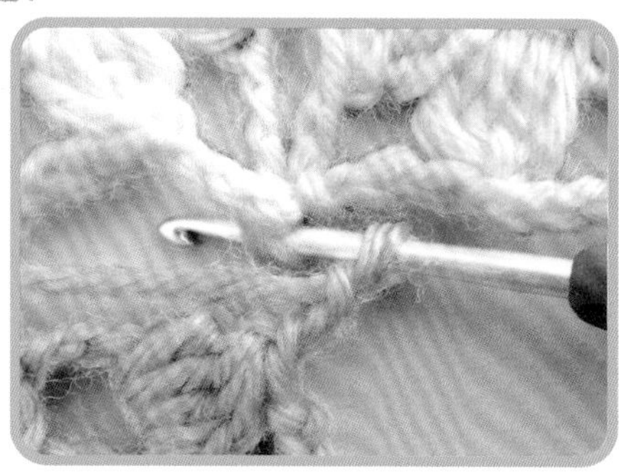

1 第3片與第2片一樣，在最終段進行拼接。鉤至接合針目時，鉤針依箭頭指示在連接第1、2片的針目入針。

2 鉤針掛線，依箭頭指示鉤織引拔。

3 完成引拔針的樣子。

4 完成第3片織片的接合。

5 第4片織片也是挑同一針目，依箭頭指示入針鉤織引拔接合。

6 完成4片織片的拼接。

帽子&禮服

雖然穿著機會不多，但這是只有小寶貝才有的特別套裝。
由於會成為日後值得紀念的回憶，請親手鉤給寶寶吧！

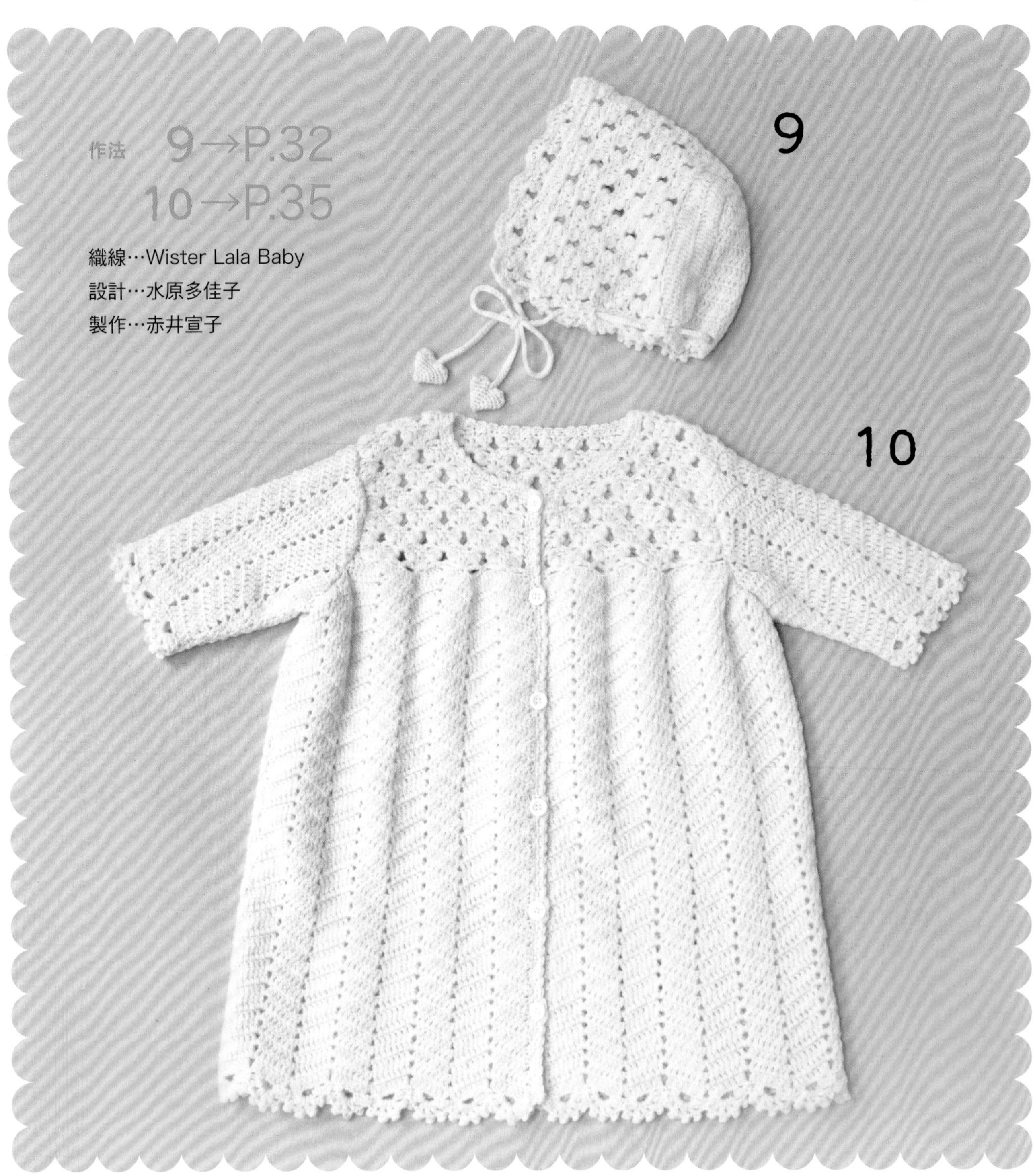

作法　9→P.32
10→P.35

織線…Wister Lala Baby
設計…水原多佳子
製作…赤井宣子

高雅的設計加上自然的米白色，
不論男女都能穿著。
帽子的綁帶墜飾作成愛心，
看起來真是可愛極了！

P.30　　9

使用織線
Wister Lala Baby
原色（6）50g

工具
鉤針「Amure」4/0 號

密度
長針（10cm 正方形）26 針　13.5 段
花樣編　1 組花樣＝3.1cm　12.5 段＝10cm

完成尺寸
臉圍 約 38cm

作法
1. 鎖針起針，以長針、花樣編、緣編A鉤織帽子主體。
2. 分別將合印記號正面相對疊合，以回針縫固定。
3. 沿臉圍鉤織緣編B。
4. 鎖針起針，鉤織綁帶穿入指定位置。
5. 輪狀起針，鉤織愛心花樣縫於綁帶兩端。

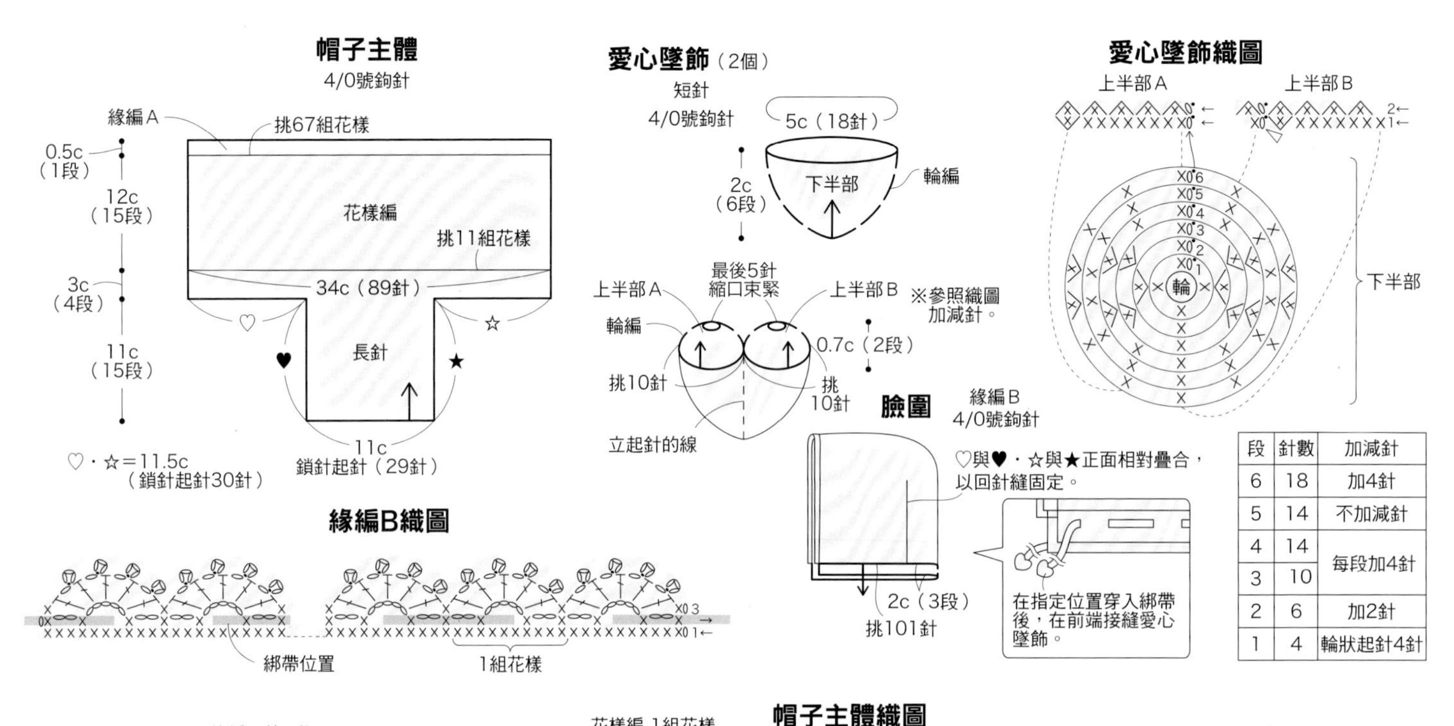

段	針數	加減針
6	18	加4針
5	14	不加減針
4	14	每段加4針
3	10	
2	6	加2針
1	4	輪狀起針4針

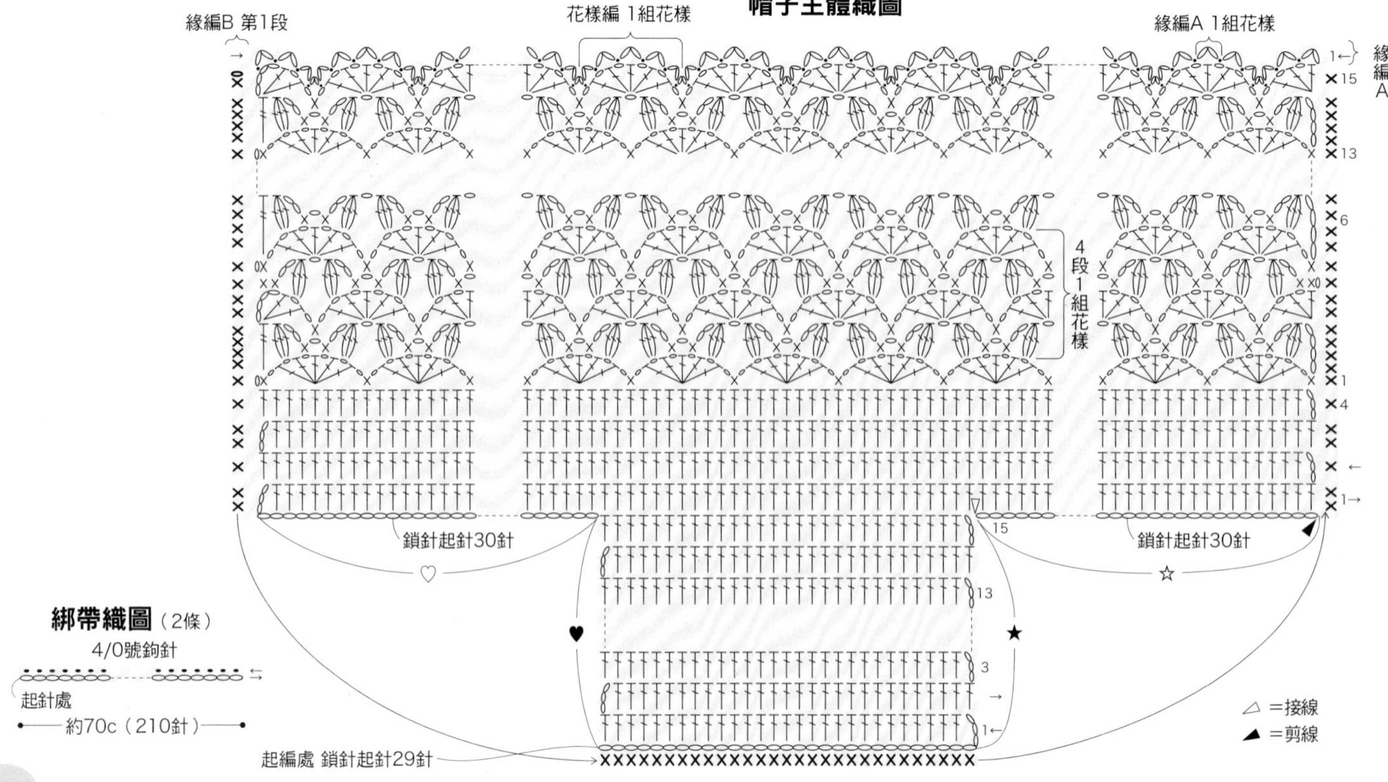

綁帶織圖（2條）
4/0號鉤針
起針處
約70c（210針）

花樣編第2段

3長針的玉針

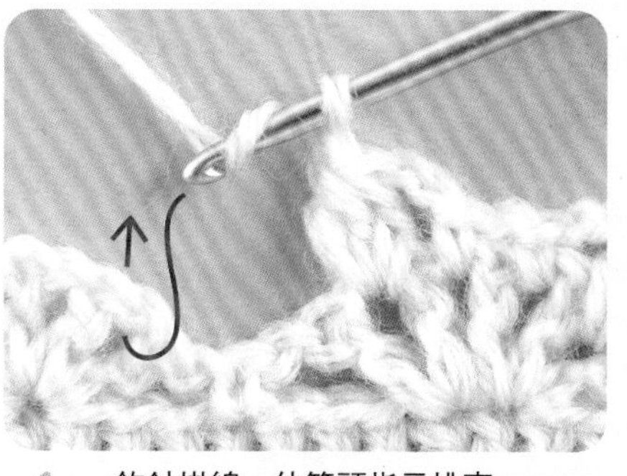

1 鉤針掛線，依箭頭指示挑束。

2 鉤針掛線，依箭頭指示鉤出織線，鉤織3針未完成的長針。

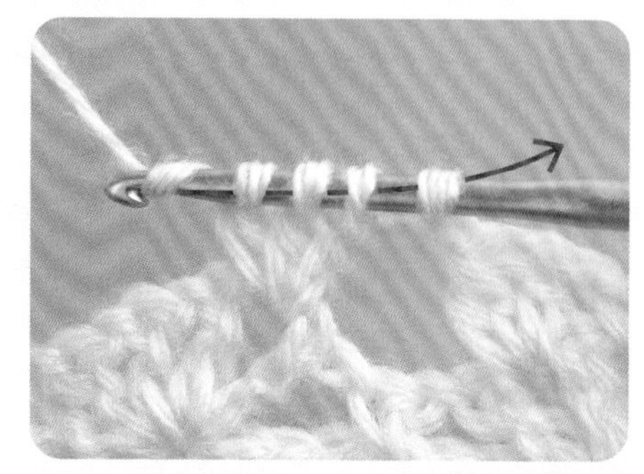

3 完成3針未完成的長針。鉤針掛線，如圖示一次引拔針上所有針目。

4 完成3長針的玉針。參照織圖繼續鉤織花樣編。

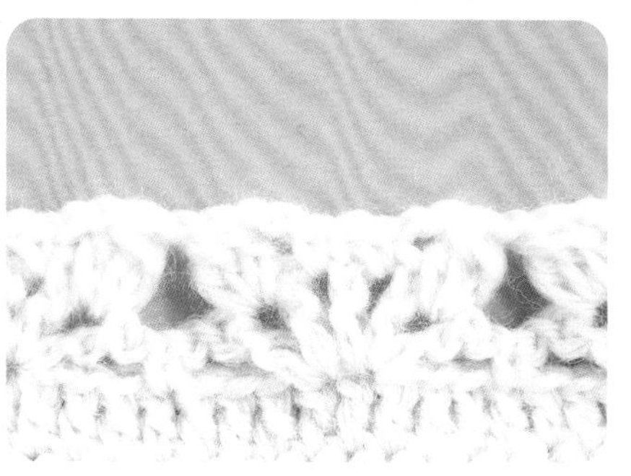

5 完成花樣編第2段的模樣。

帽子主體的縫合

回針縫

※為了讓解說更清晰易懂，使用不同色線示範。

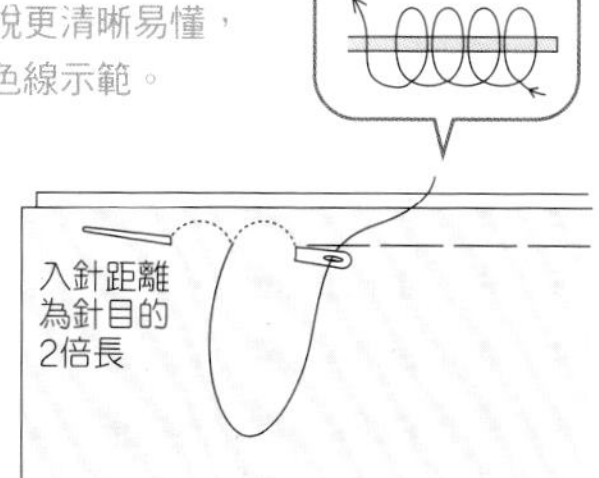

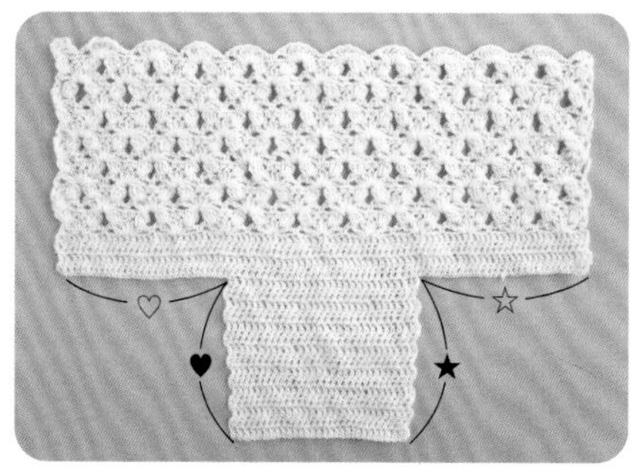

1 帽子主體鉤織完成的模樣。

2 將☆與★正面相對疊合。縫針如圖示穿入，依箭頭指示從距離2針目的位置入針。

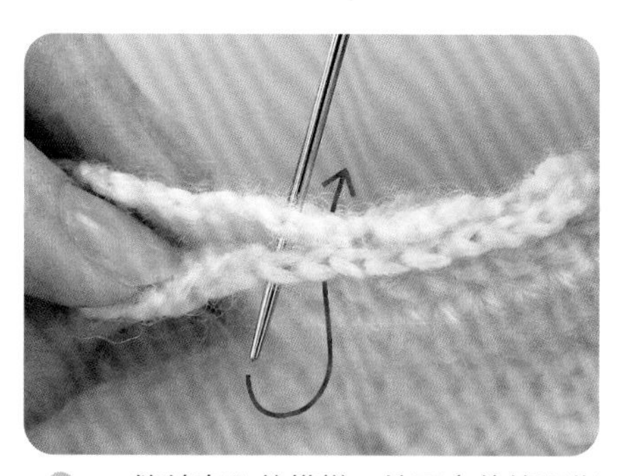

3 縫針穿入的模樣。接下來依箭頭指示，在往回1針處入針。重複此步驟縫合。

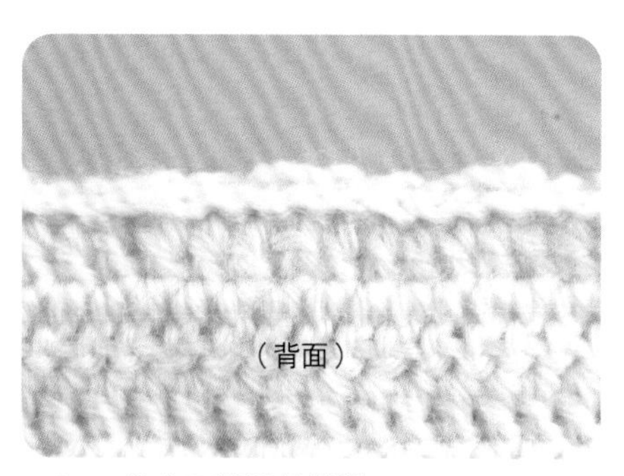

4 縫合至邊端的模樣。

5 完成回針縫的正面模樣。

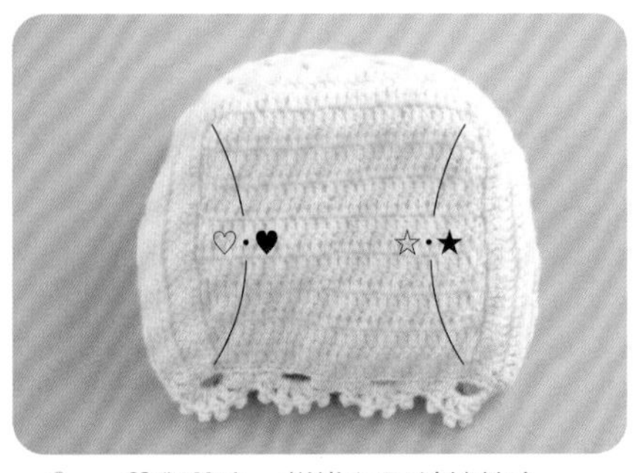

6 ♡與♥也一樣進行回針縫縫合。

愛心墜飾織法

下半部

※為了讓解說更清晰易懂，使用不同色線示範。

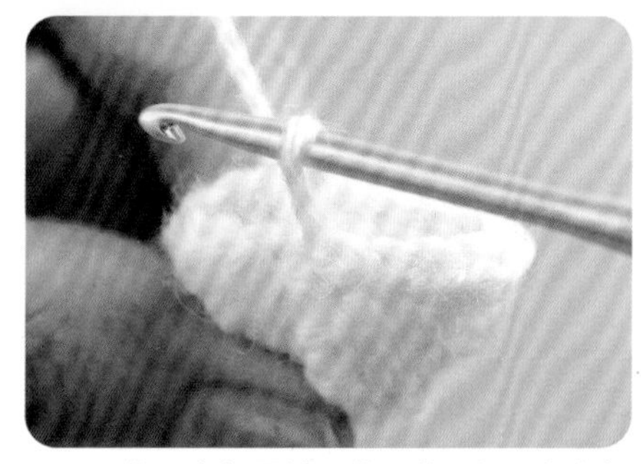

1 從下半部開始，鉤至第6段。上半部左右兩側要分開鉤織。

上半部A

縮口束緊 ※為了讓解說更清晰易懂，使用不同色線示範。

挑短針鎖狀針頭的內側一條線

內側的一條線

2 參照織圖鉤織上半部A。完成最終段後，預留約10cm～15cm線段後剪線，將線段穿入掛在鉤針的線圈後拉緊，完成收針。線段穿入縫針，參照插圖，在最終段所有針目各挑內側的一條線。

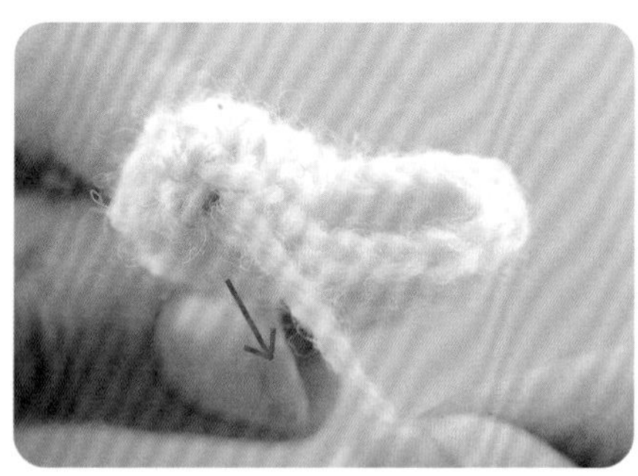

3 如圖拉線收緊開口。完成縮口束緊。多餘線段穿入織片針目中，收針藏線。

上半部B

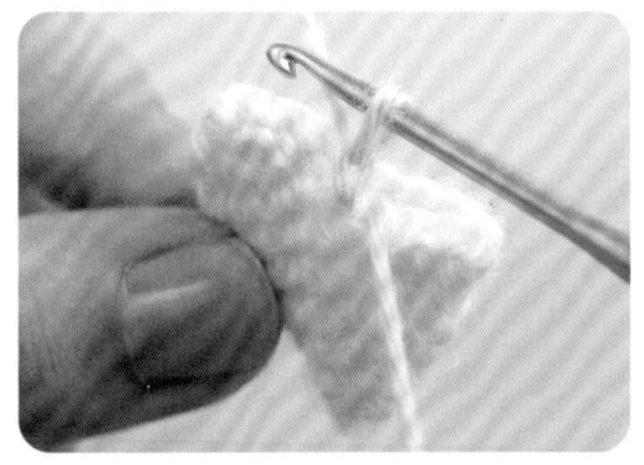

4 如圖示接線，參照織圖鉤織上半部B。

5 最終段縮口束緊固定。

6 完成愛心墜飾。

組合方式

※為了讓解說更清晰易懂，使用不同色線示範。

1 鉤織綁帶，穿入指定位置。

2 縫針穿線，依箭頭指示穿入綁帶前端，接縫愛心墜飾。

3 完成綁帶前端與愛心墜飾的接縫。

P.30 10

使用織線
Wister Lala Baby
原色（6）270g

其他材料
鈕釦（13mm）6個

工具
鉤針「Amure」4/0號

密度（10cm正方形）
花樣編A 28針 11段
花樣編B 3組花樣 12.5段

完成尺寸
胸圍53cm 肩寬26cm 衣長52cm
袖長21cm

作法
1. 鎖針起針，以花樣編A分別鉤織後衣身與左、右前衣身。
2. 分別在衣身上挑針，以花樣編B鉤織後肩襠與左、右前肩襠。
3. 鎖針起針，以花樣編A鉤織袖子。
4. 在袖子的起針針目挑針，鉤織緣編。
5. 對齊肩膀部分，作鎖針與引拔針併縫。
6. 挑針併縫脇邊、袖下。
7. 以引拔併縫接合袖子與衣身。
8. 沿下襬鉤織緣編A，沿領口、前襟鉤織緣編B。
9. 縫上鈕釦。

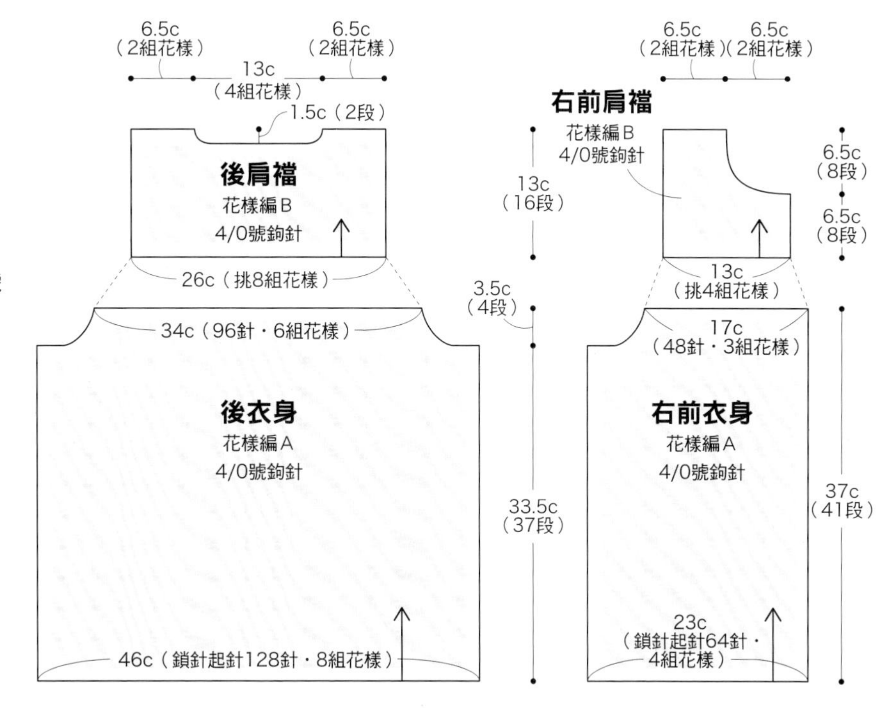

※左前衣身・左前肩襠與右前衣身・右前肩襠左右對稱鉤織。

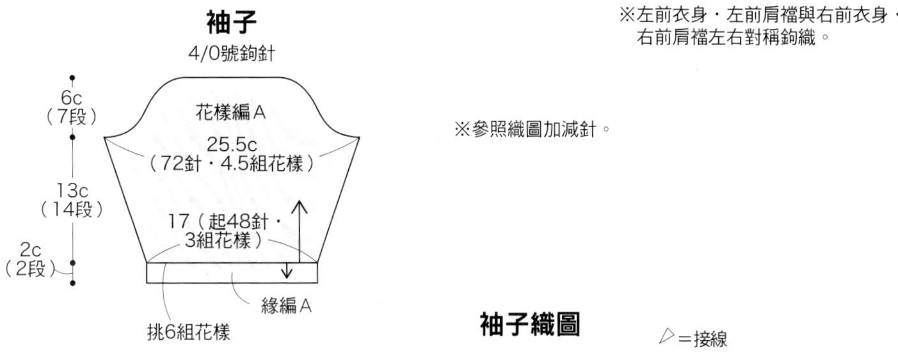

※參照織圖加減針。

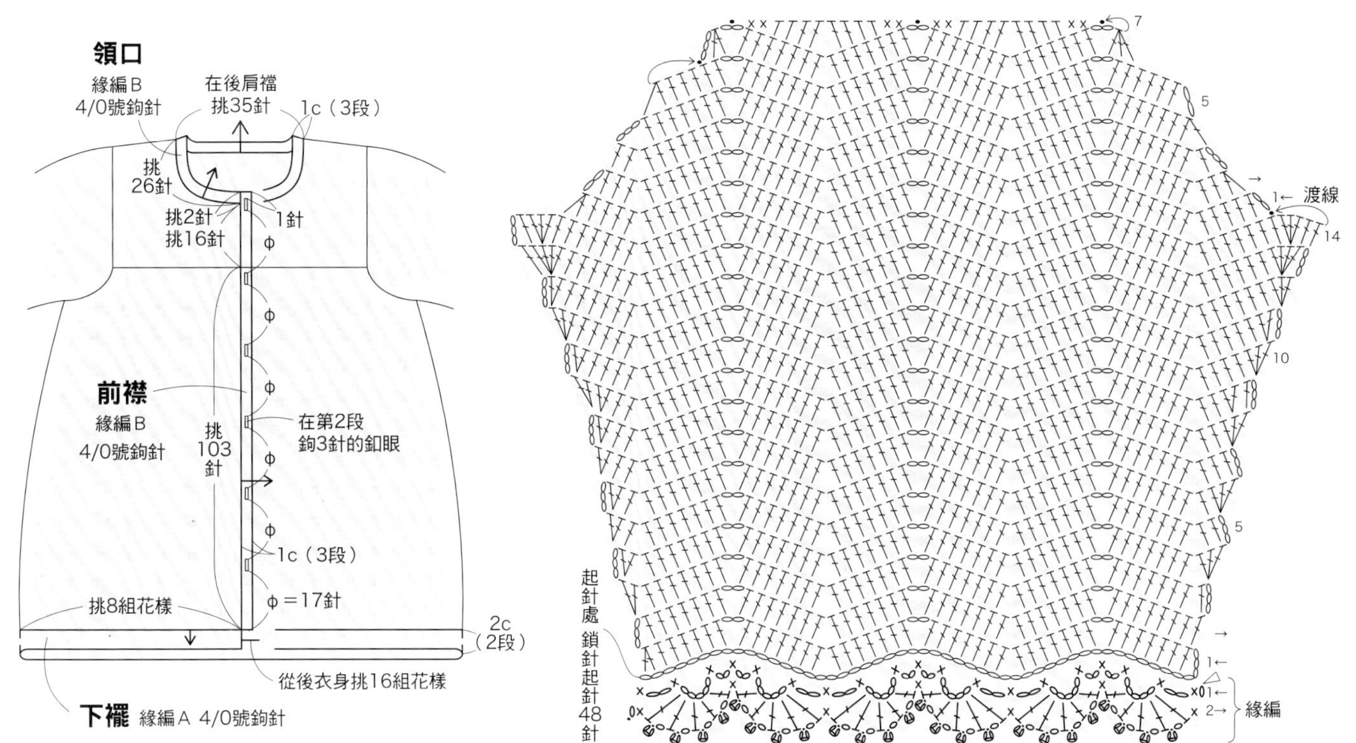

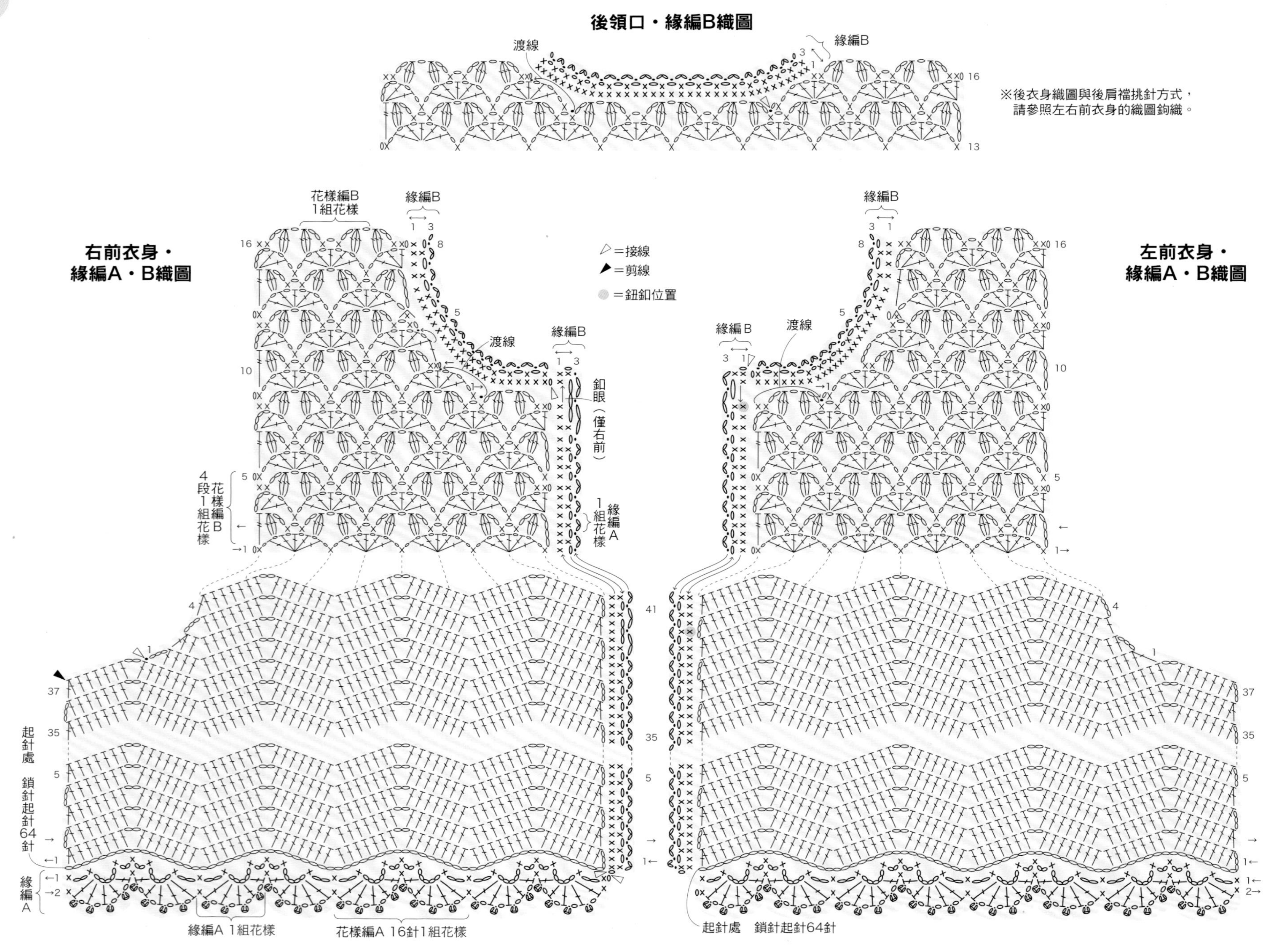
後領口・緣編B織圖
渡線
緣編B
※後衣身織圖與後肩襠挑針方式，
請參照左右前衣身的織圖鉤織。
右前衣身・
緣編A・B織圖
花樣編B
1組花樣
▷＝接線
▶＝剪線
●＝鈕釦位置
釦眼（僅右前）
4段1組花樣
花樣編B
1組花樣
緣編A
起針處
鎖針起針64針
緣編A
緣編A 1組花樣
花樣編A 16針1組花樣
左前衣身・
緣編A・B織圖
起針處　鎖針起針64針

肩膀的併縫

鎖針與引拔針併縫

※為了讓解說更清晰易懂，使用不同色線示範。

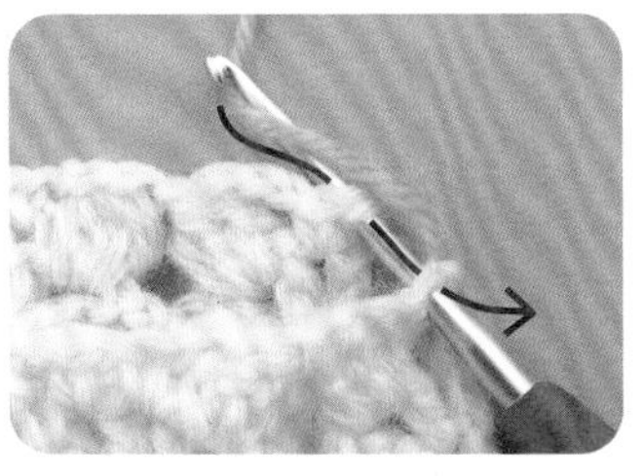

1 將前、後衣身的肩膀正面相對疊合，從邊端針目開始，鉤針一起穿過2片織片，掛線後依箭頭指示鉤出。

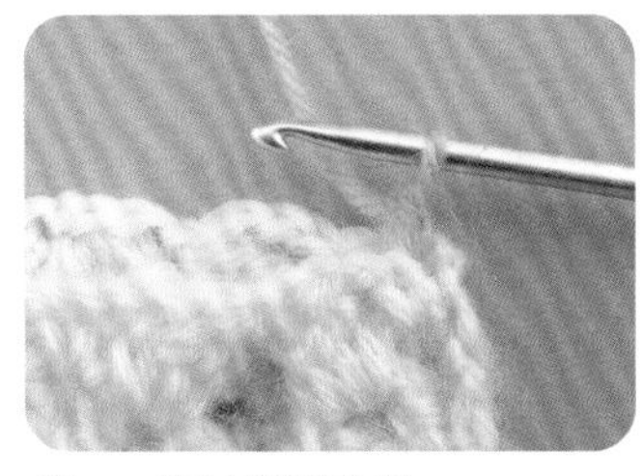

2 鉤針掛線引拔。

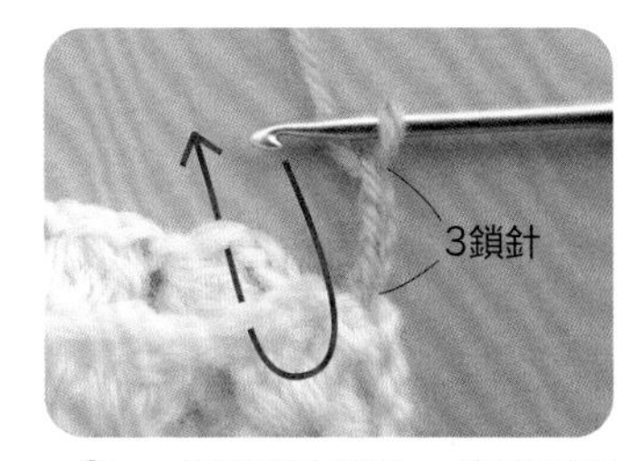

3 鉤織3針鎖針，依箭頭指示穿入針目中。

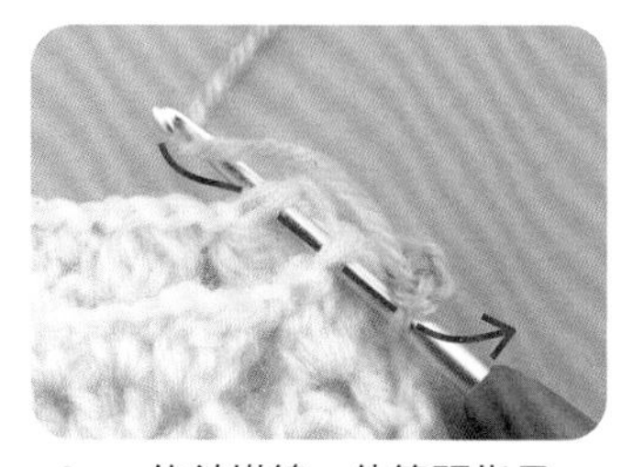

4 鉤針掛線，依箭頭指示一次引拔針上所有針目。

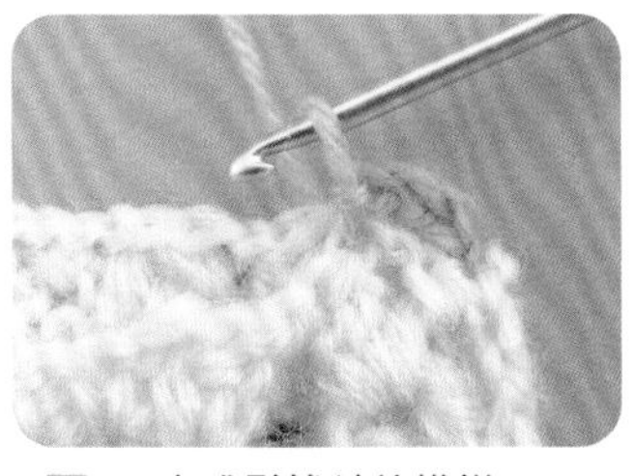

5 完成引拔針的模樣。

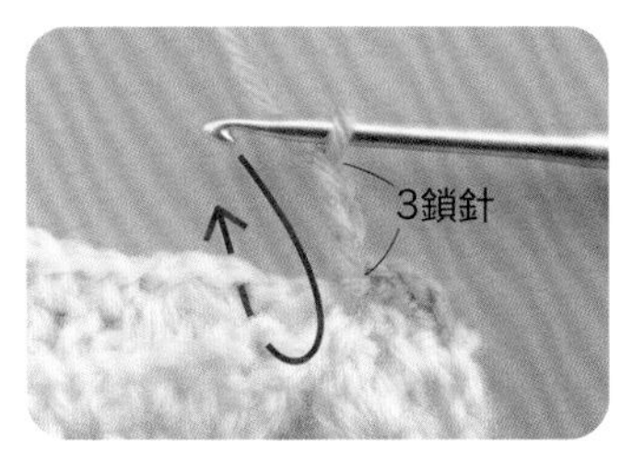

6 鉤織3針鎖針，依箭頭指示挑針鉤引拔針。

7 重複鉤3針鎖針與引拔針的方式，縫合前後衣身。

8 完成鎖針與引拔針併縫的正面模樣。

脇邊的併縫

挑針併縫

※為了讓解說更清晰易懂，使用不同色線示範。

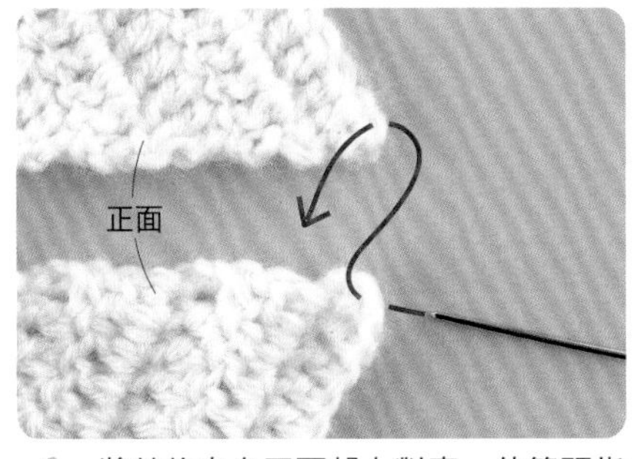

1 將前後衣身正面朝上對齊，依箭頭指示由下襬側穿入縫針。

2 如圖示在兩織片邊端針目交互挑針。

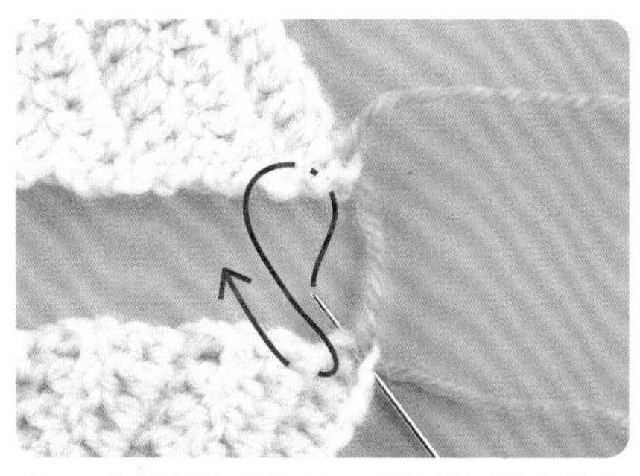

3 依箭頭指示挑針，重複相同動作進行縫合。由於長針段的線條明顯，若沒有對齊會很顯眼，因此兩側織片的段與段一定要對齊。

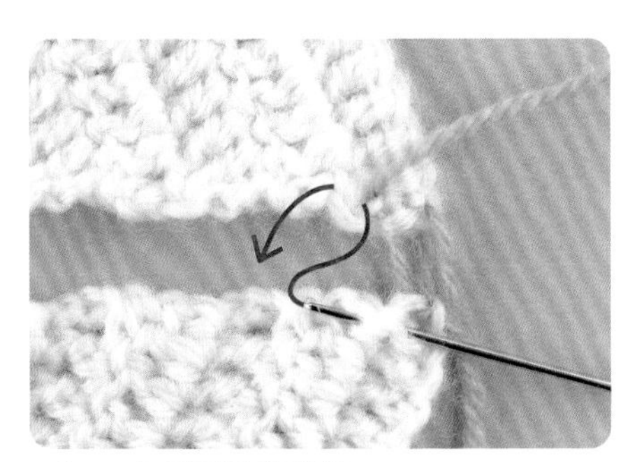

4 如圖示重複進行。

5 挑針併縫中途的樣子。（實際上是要拉到看不見縫線的程度，一邊拉線一邊進行縫合）。

6 完成挑針併縫的正面模樣。

接縫袖子（以引拔針接縫時）

※為了讓解說更清晰易懂，使用不同色線示範。

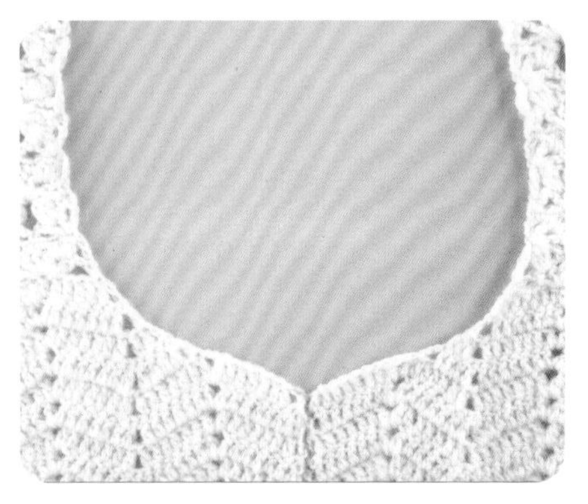

7　最後縫合至脇邊的模樣。

1　挑針併縫袖下，完成後先在袖山中心加上織線記號等，作為標示。

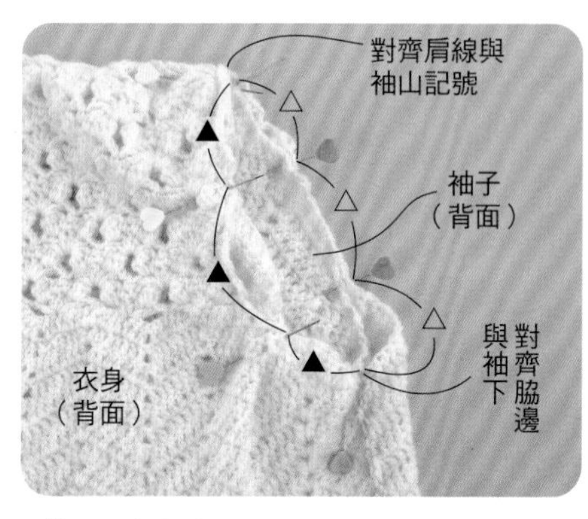

2　衣身織片翻面，呈現將袖子夾在中間的模樣。分別對齊脇邊與袖下、肩膀與袖山後，以珠針固定。前後再分成三等份，以珠針固定。

3　以珠針細密固定。此時衣身要配合袖子的尺寸縮摺，並且以珠針固定。

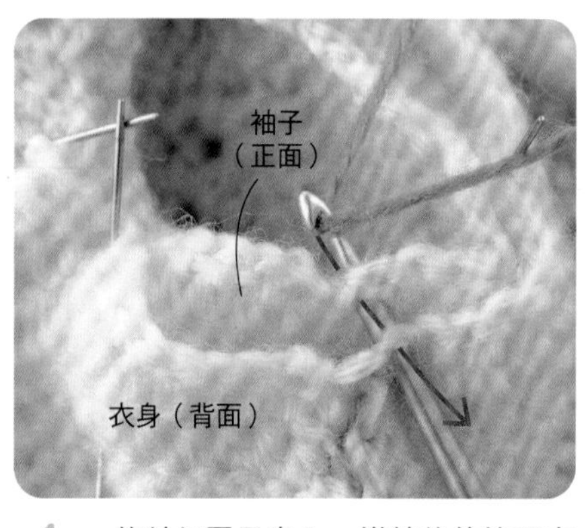

4　鉤針如圖示穿入，掛線後依箭頭方向鉤出。

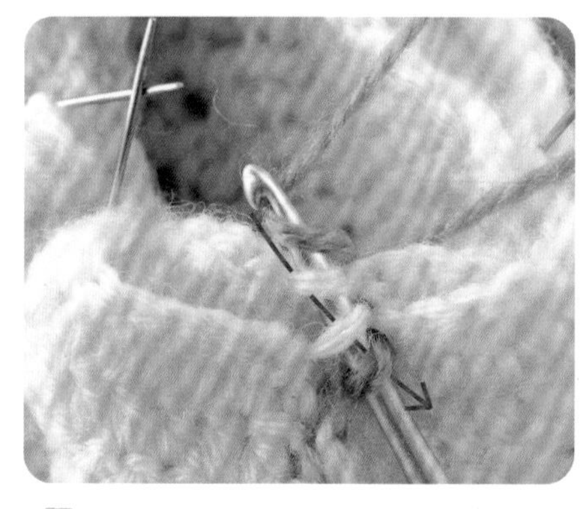

5　接著在相鄰針目入針，鉤針掛線依箭頭指示引拔。

6　重複步驟5。

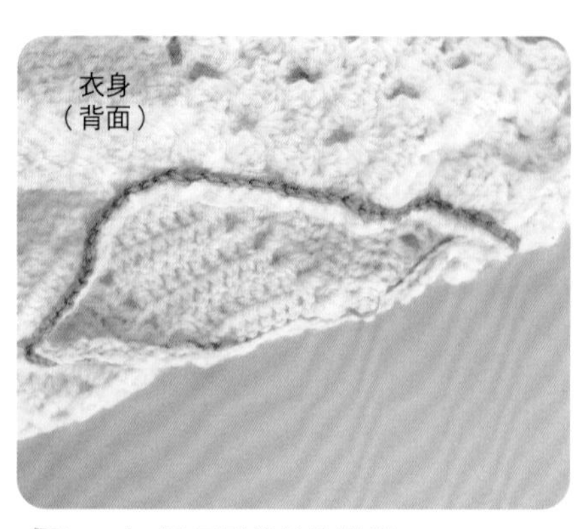

7　完成1圈引拔針的模樣。

8　翻回正面。完成袖子與衣身接合的模樣。

捏捏玩偶

在條紋花樣身體綁上領結的好友三人組捏捏玩偶。
作成稍微大一點的尺寸，成長後也能當作一同遊戲的玩伴喔！

0~24個月

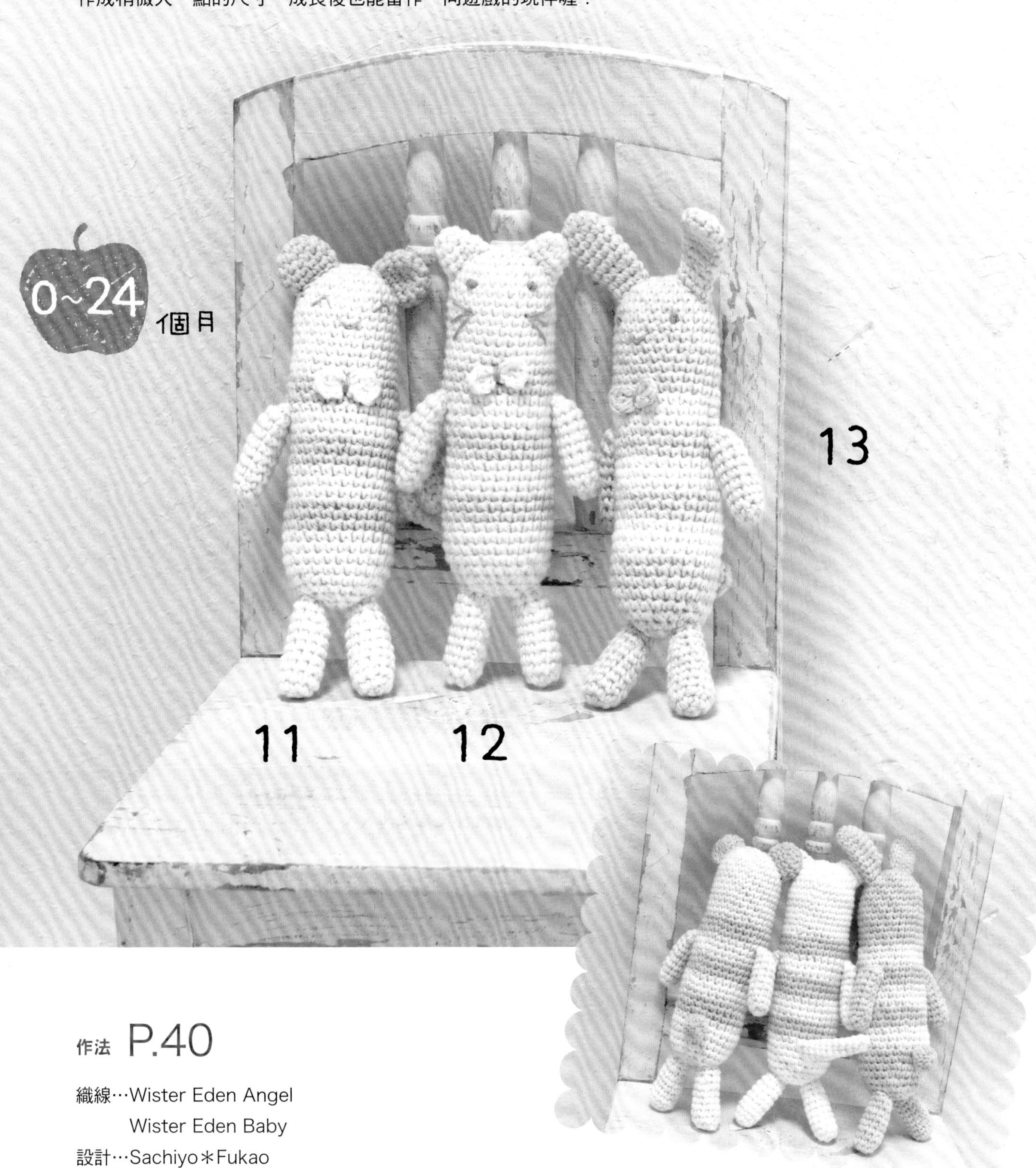

作法 P.40

織線…Wister Eden Angel
Wister Eden Baby
設計…Sachiyo＊Fukao

P.39 11・12・13

使用織線

11 Wister Eden Angel
原色（2）17g　水藍色（5）8g　黃色（3）少許
Wister Eden Baby
杏色（12）少許

12 Wister Eden Angel
黃色（3）20g　粉紅色（4）5g　原色（2）少許
Wister Eden Baby
杏色（12）少許

13 Wister Eden Angel
粉紅色（4）20g　原色（2）5g　水藍色（5）少許
Wister Eden Baby
杏色（12）少許

其他材料

填充棉　適量

工具

鉤針「Amure」5/0號

完成尺寸

11 19cm　12 18.5cm　13 21.5cm

作法

1. 繞線作輪狀起針，鉤織身體、手、腳、耳朵、尾巴，除指定的配件以外，全部塞入填充棉。
2. 鎖針起針，鉤織領結。
3. 在身體接縫手、腳、尾巴、領結。
4. 接縫耳朵，繡上臉部表情。

配色

	A色	B色	C色
11	原色	水藍色	黃色
12	黃色	粉紅色	原色
13	粉紅色	原色	水藍色

身體 織圖（1個）
5/0號鉤針

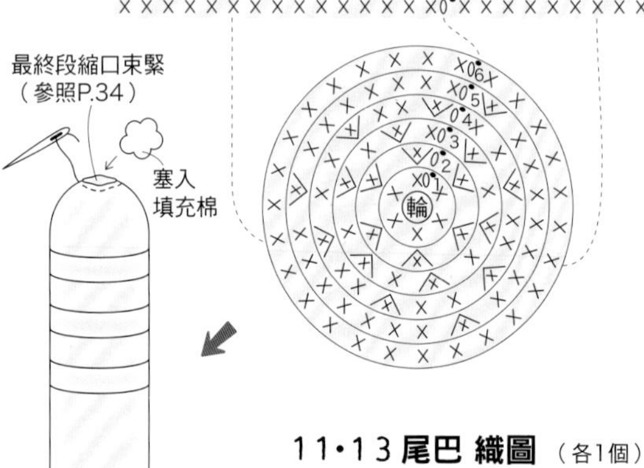

色	段	針數	加減針
A色	37	12	每段減4針
	36	16	
	35	20	
	34	24	減3針
	33～30	27	不加減針
B色	29		
	28		
	27		
A色	26		
	25		
	24		
B色	23		
	22		
	21		
A色	20		
	19		
	18		
B色	17		
	16		
	15		
A色	14～6		
	5	27	加3針
	4	24	每段加6針
	3	18	
	2	12	
	1	6	輪狀起針6針

手 織圖（2個）
A色
5/0號鉤針

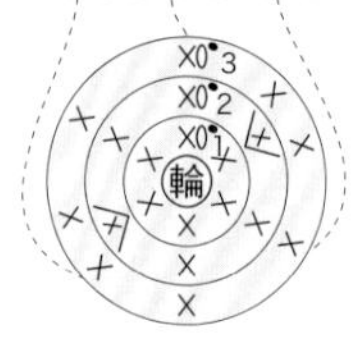

段	針數	加減針
10～3	8	不加減針
2	8	加2針
1	6	輪狀起針6針

腳 織圖（2個）
A色
5/0號鉤針

段	針數	加減針
10	8	不加減針
9	8	減2針
8～3	10	不加減針
2	10	加5針
1	5	輪狀起針5針

11・13 尾巴 織圖（各1個）
11 B色　13 A色
5/0號鉤針

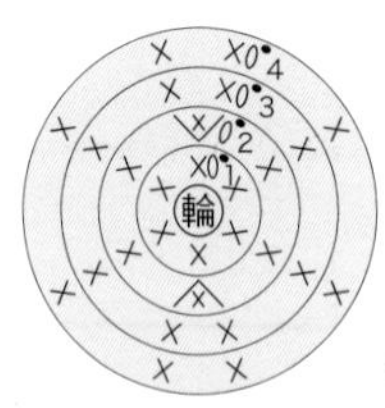

段	針數	加減針
4	8	不加減針
3		
2	8	加2針
1	6	每段加6針

11 耳朵 織圖（2個）
B色
5/0號鉤針

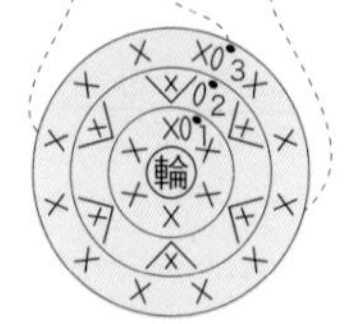

※不塞入填充棉。

段	針數	加減針
5	10	減2針
4	12	不加減針
3		
2	12	加6針
1	6	輪狀起針6針

12 耳朵 織圖（2個）
A色
5/0號鉤針

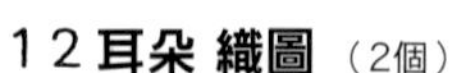
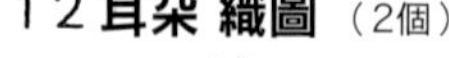

※不塞入填充棉。

段	針數	加減針
4	10	加2針
3	8	不加減針
2	8	加2針
1	6	輪狀起針6針

13 耳朵 織圖（2個）
A色
5/0號鉤針

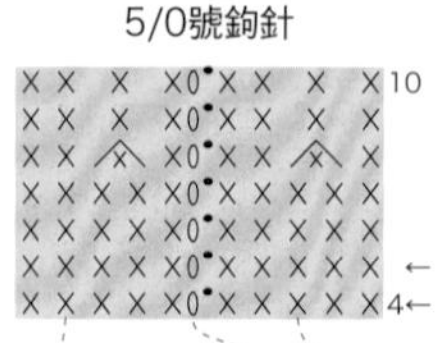
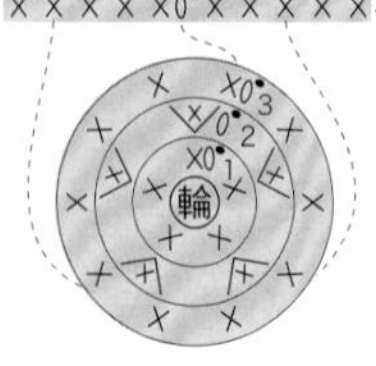

※不塞入填充棉。

段	針數	加減針
10	8	不加減針
9		
8	8	減2針
7～3	10	不加減針
2	10	加5針
1	5	輪狀起針5針

12 尾巴 織圖（1個）
A色
5/0號鉤針

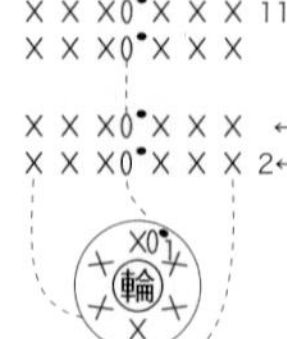

※不塞入填充棉。

段	針數	加減針
11～2	6	不加減針
1	6	輪狀起針6針

領結 織圖（各1個）
C色
5/0號鉤針

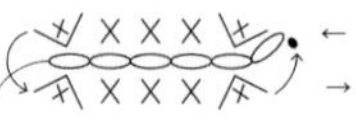

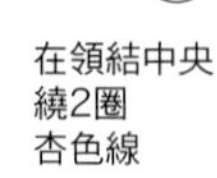

組合方式

①在身體上接縫手、腳、尾巴與領結。

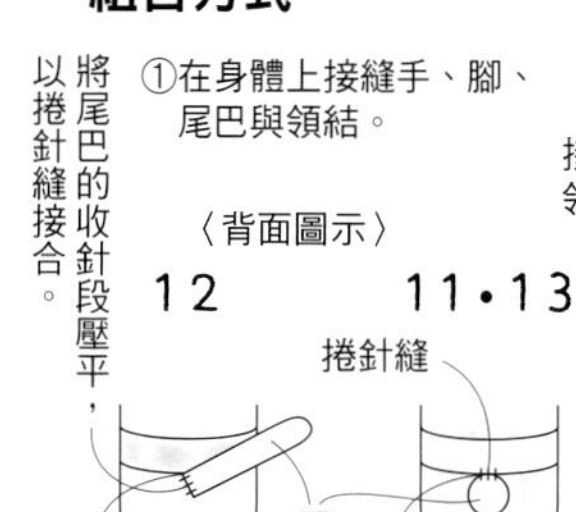

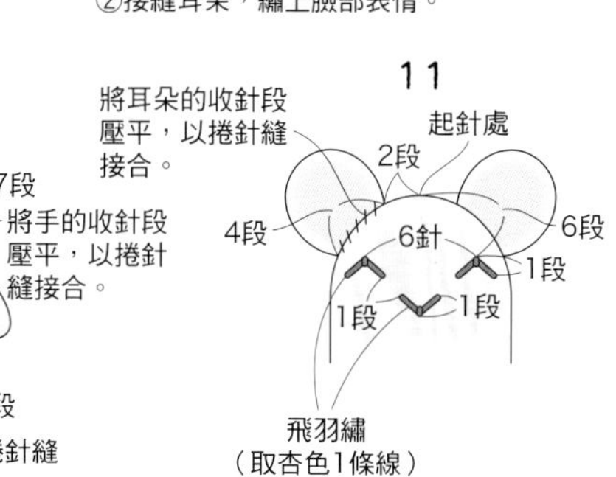

②接縫耳朵，繡上臉部表情。

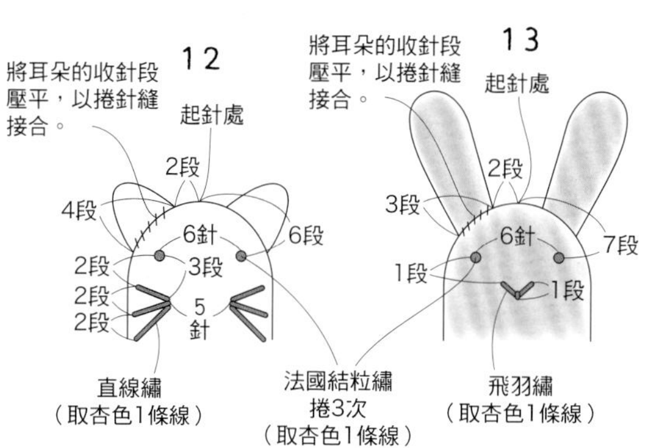

換色方式（輪編時）

渡線作法

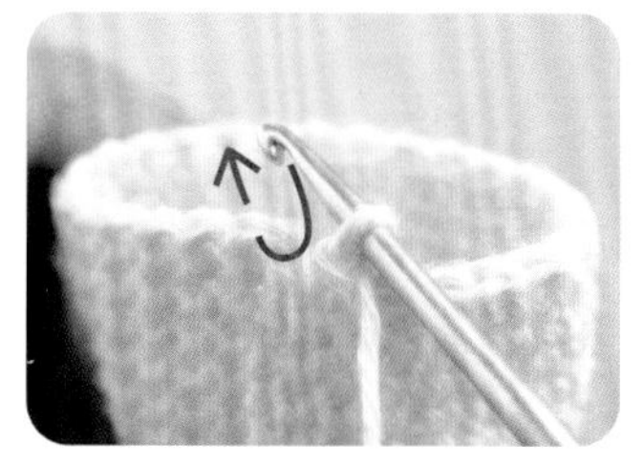

1　A色段鉤到最後，鉤針依箭頭指示穿入。

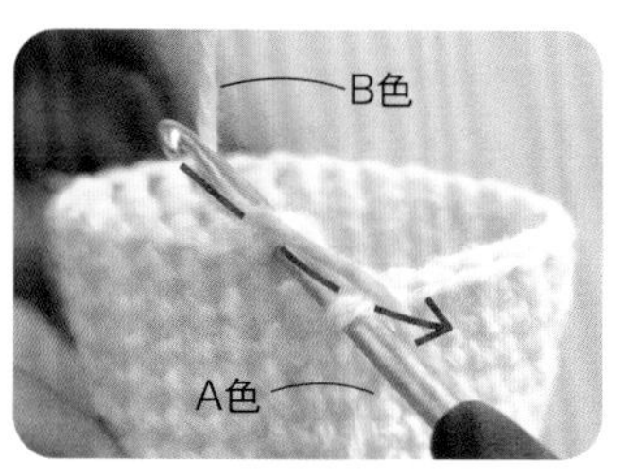

2　鉤針改掛B色線，依箭頭方向一次引拔所有針目。此時A色線暫休。

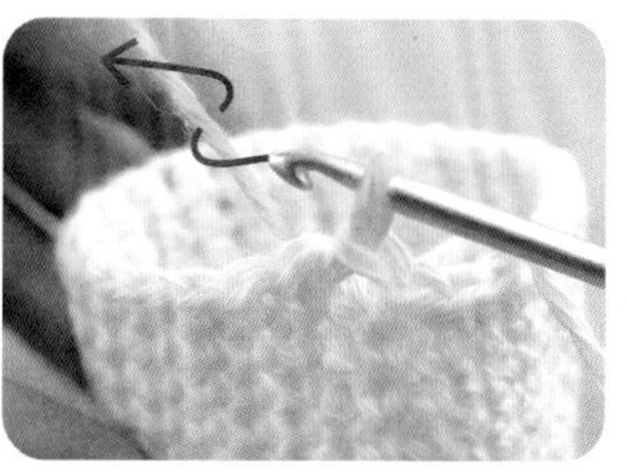

3　完成引拔針的模樣。依箭頭指示掛線，鉤織立起針的1針鎖針。

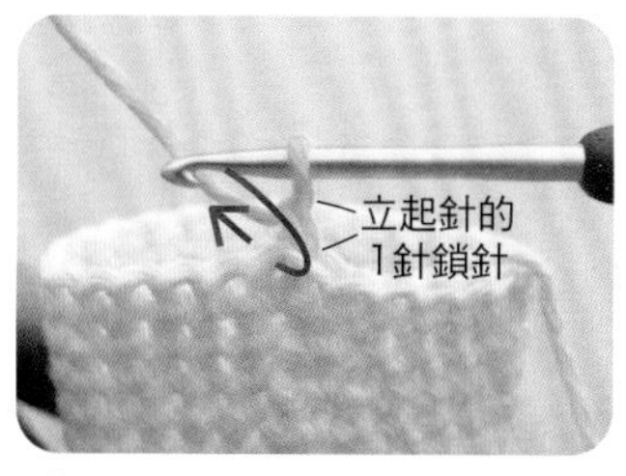

4　如圖挑針鉤織短針。

5　接著以B色線鉤織。

6　B色段鉤到最後，鉤針依箭頭指示穿入。

7　再次以暫休的A色線掛線，依箭頭方向鉤織引拔針。

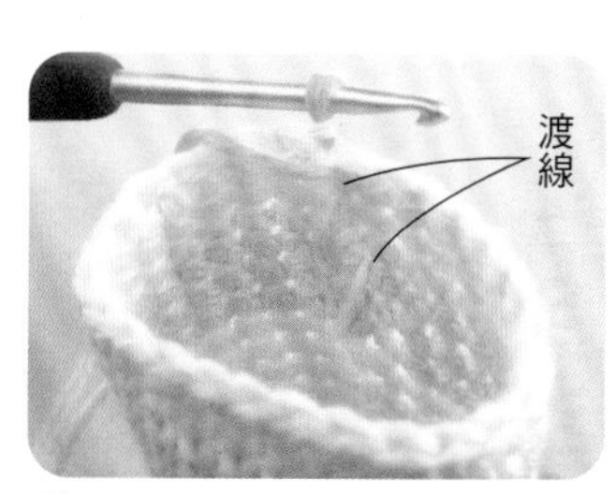

8　織片內側，織線呈縱向渡線的模樣。此時要注意，別讓渡線鬆弛或是鉤到。

在身體塞入填充棉的作法

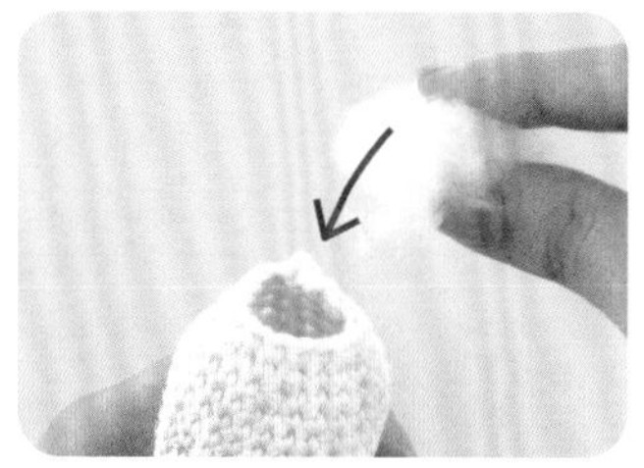

1　鉤到身體第36段時，開始塞入填充棉。

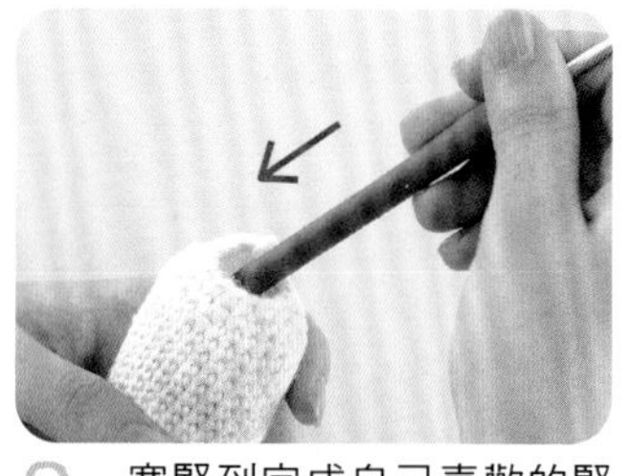

2　塞緊到完成自己喜歡的緊實度為止。這時如圖示，利用鉤針柄來填塞棉花會很方便。

3　鉤織第37段。

4　將最終段針目縮口束緊。

接縫手

※耳朵、貓咪尾巴也是以相同方式接縫。

收針段壓平作捲針縫

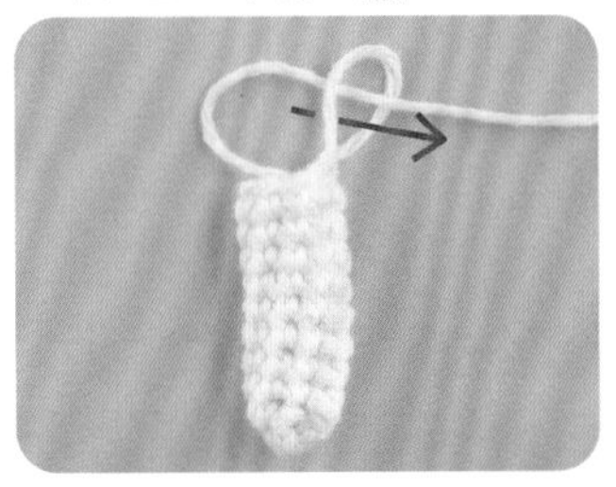

1 將手的收針處留下約30cm線段後剪線，穿入鉤針上的線圈後拉緊。

2 先前預留的線段穿針，縫針如圖示在預定縫合的身體上挑針，拉線。

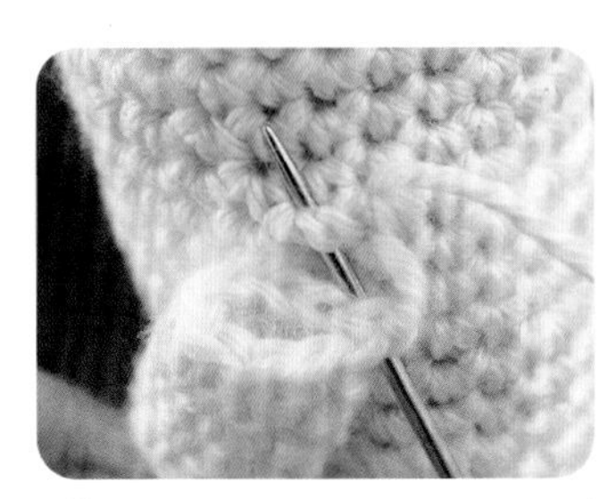

3 將手的收針段壓平，縫針挑最終段短針針頭的各2條線，再於身體上挑針，拉線。

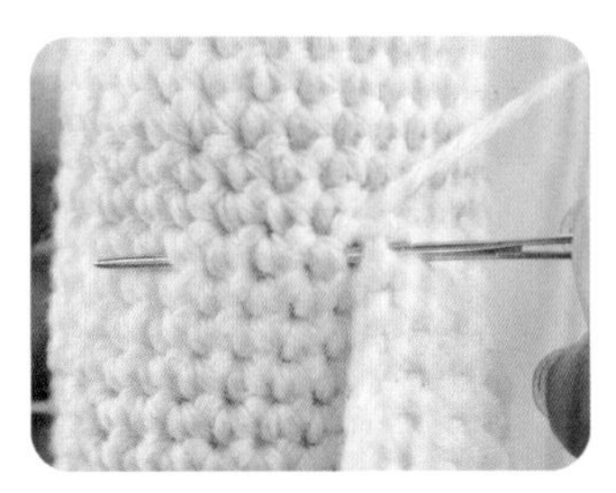

4 重複步驟3，最後縫針在手的邊端入針，直接穿入身體，在稍遠的適當位置出針。

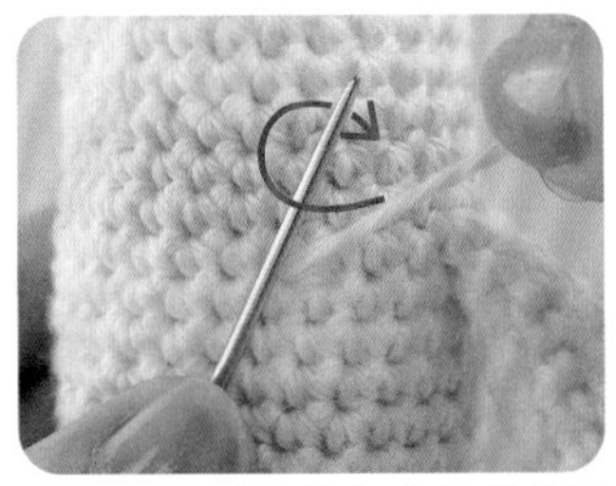

5 縫針平放在出針的位置上，在針上繞線3次。

6 繞線3次的模樣。

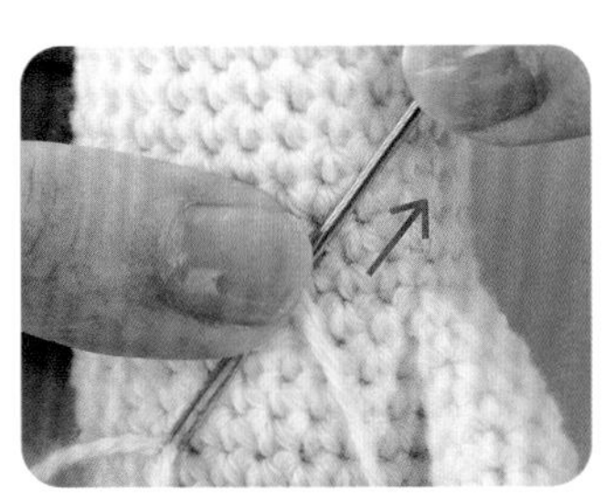

7 以左手拇指壓住繞線位置，以右手抽出縫針。

8 拉線收緊，完成止縫結。

9 縫針穿入步驟4出針的位置，一樣從適當位置穿出。

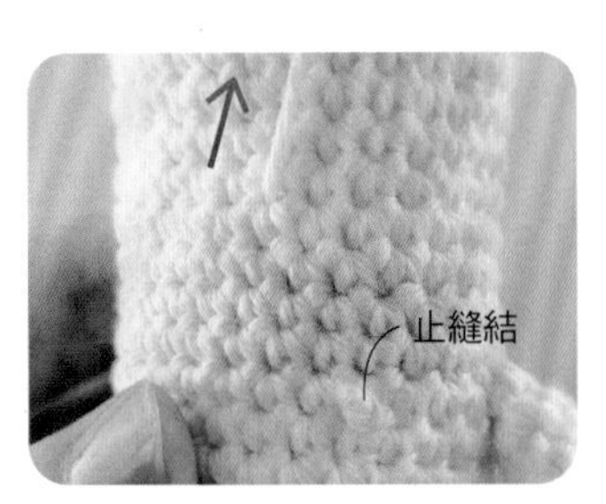

10 依箭頭指示拉線，止縫結仍留在織片外的模樣。

11 再稍微用力拉線，直到將止縫結藏入織片裡。

12 貼著織片表面剪線。

接縫腳

捲針縫

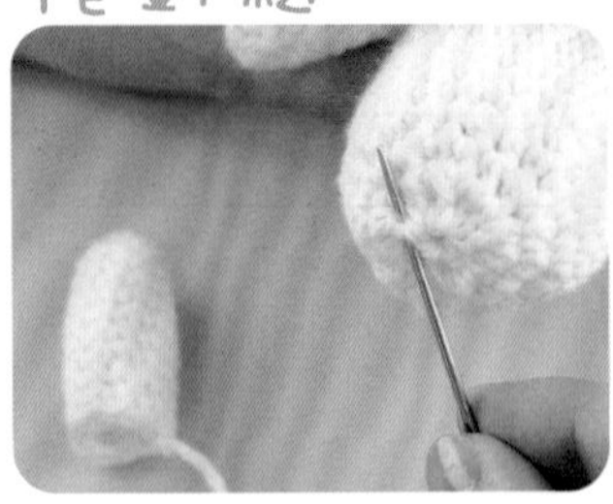

1 將腳的收針線段穿入縫針。縫針如圖示在預定縫合的身體上挑針，拉線。

2 縫針挑腳的最終段短針針頭2條線，再挑步驟1的出針針目（身體），如圖穿出，拉線

3 重複相同作法縫合一圈，接縫腳。

4 縫針最後在身體的適當位置穿出，打結、藏線。

臉的刺繡

準備縫線

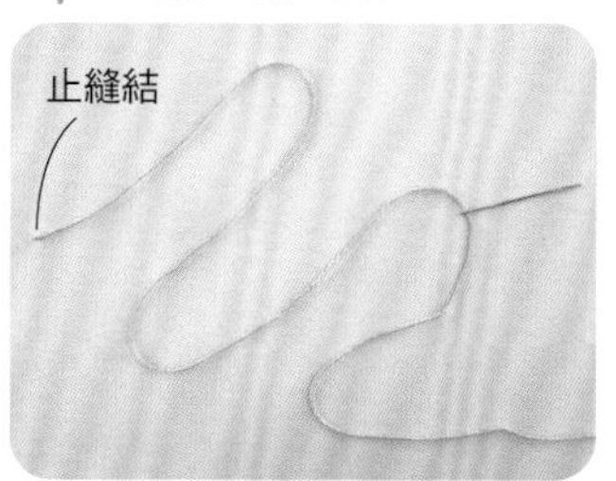

1 剪一段50cm的杏色線，穿入縫針後打始縫結。

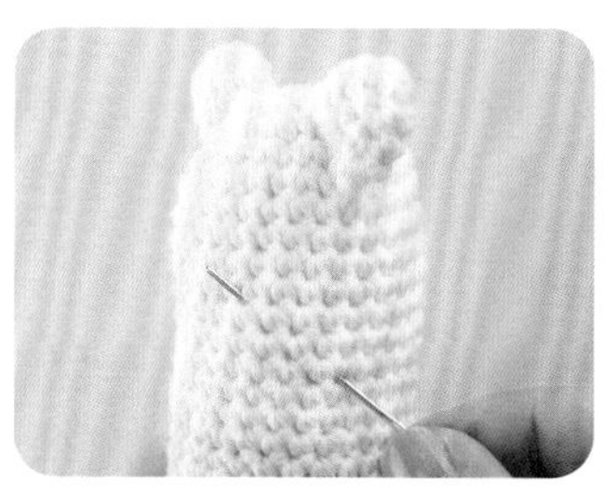

2 在適當的位置穿入縫針，從預定刺繡的位置出針。

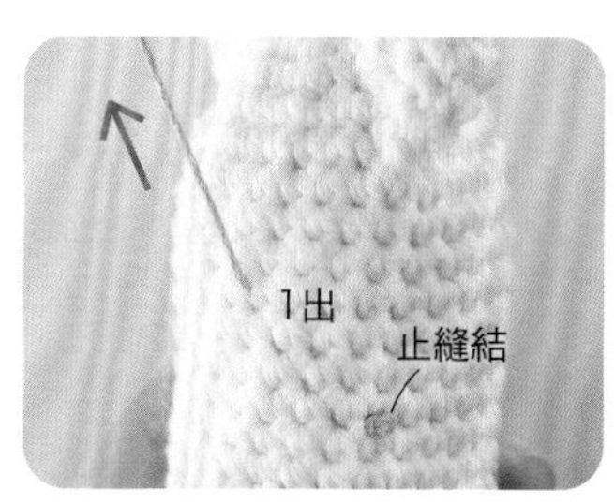

3 依箭頭指示拉線，線結仍留在織片外側。

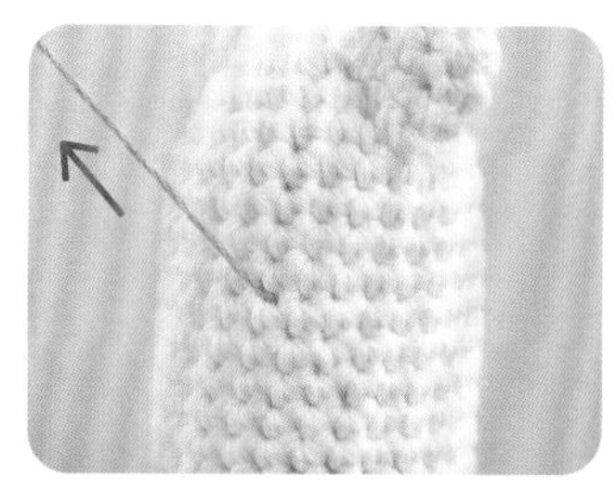

4 再稍微用力拉線，直到將線結藏入織片裡。

直線繡

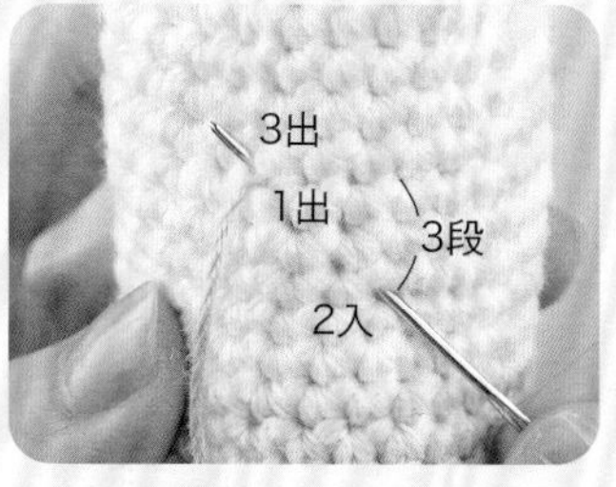

1 如圖示入針，出針位置同準備縫線的步驟 2。

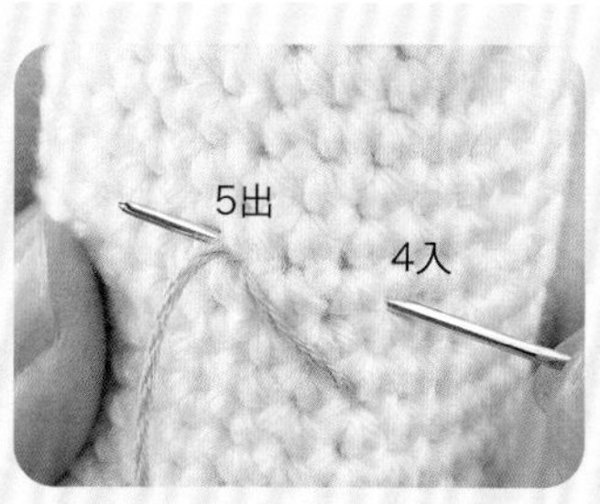

2 完成1針直線繡。再次依圖示入針，出針位置同步驟 1。

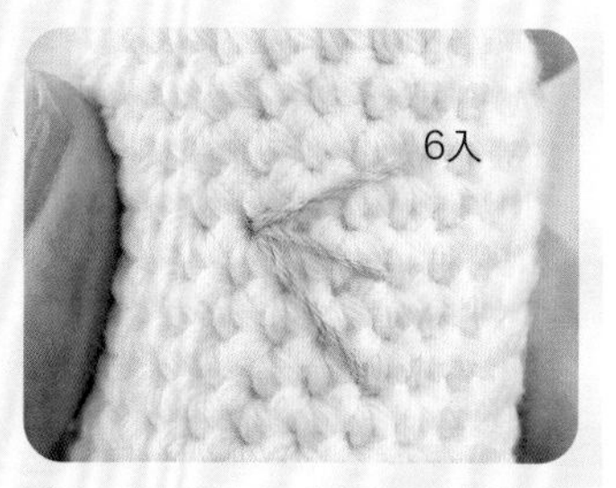

3 再重複一次相同的繡縫動作。

法式結粒繡

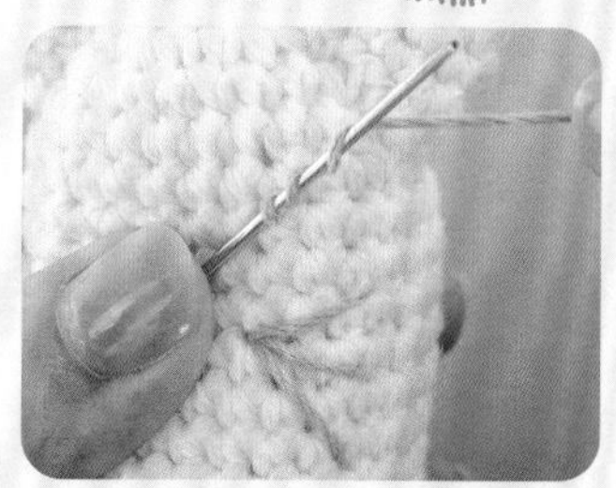

1 從預定刺繡的位置出針。縫針壓在出針位置上，在針上繞線（本次指定圈數為3次）。

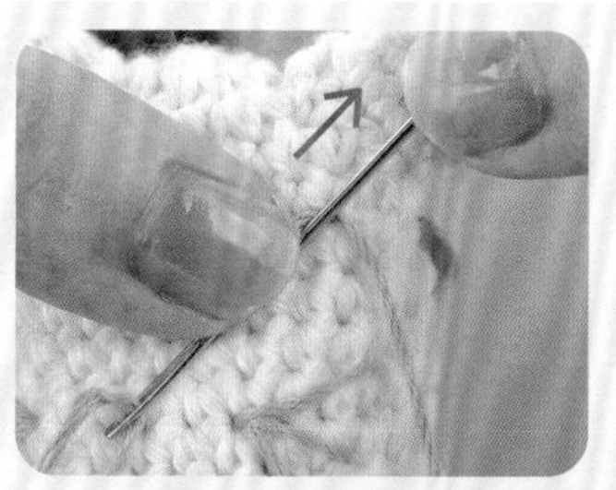

2 以左手拇指壓住繞線位置，以右手抽出縫針。

3 將線拉緊打結。

4 縫針從步驟 1 的出針位置穿入，從右眼的預定刺繡位置穿出。

5 右眼也以相同作法繡縫。共作兩個法國結粒繡。

飛羽繡

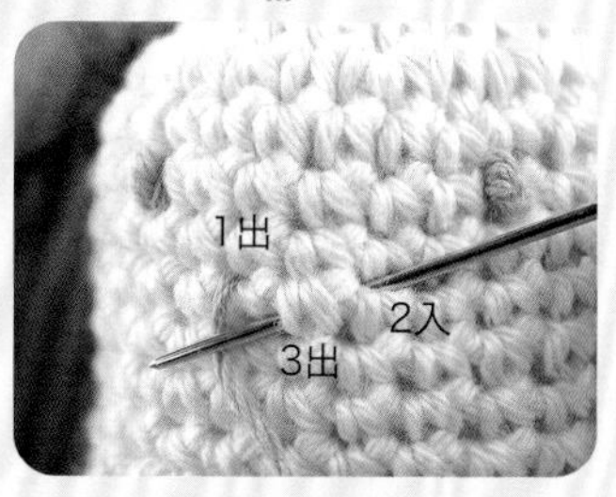

1 從預定刺繡位置出針，依圖示入針、出針。

2 依照箭頭指示拉線。

3 如圖示在步驟 1 的出針位置入針。

4 完成飛羽繡。

斗篷

沒有袖子的斗篷，即使是抱著小寶貝時也可以快速穿上。

無論是在家中還是外出之時，都是方便的重要配件！

作法 P.46

織線…14→Wister Baby Baby
15→Wister Mamarm

設計…橫山純子

套裝／女孩…baby cheer
男孩…Love&Peace&Money
（兩者皆為MILLI COMPANY LTD.）

P.44・P.45　14・15

使用織線
14 Wister Baby Baby
原色（2）110g
15 Wister Mamarm
奶油色（53）120g

工具
14 鉤針「Amure」5/0號
15 鉤針「Amure」6/0號

完成尺寸
14 寬22cm　下襬圍94cm
15 寬23.5cm　下襬圍100cm

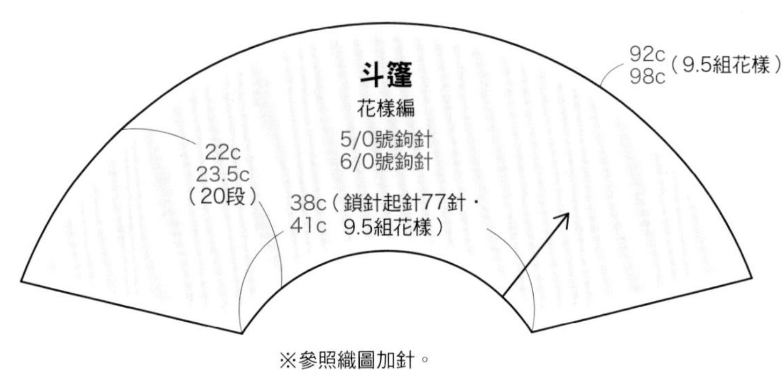

※參照織圖加針。

作法
1. 鎖針起針，以花樣編鉤織斗篷。
2. 在起針針目挑針，以花樣編鉤織領子。
3. 在兩側前襟鉤織緣編。
4. 鎖針起針，鉤織綁帶，穿入指定位置。

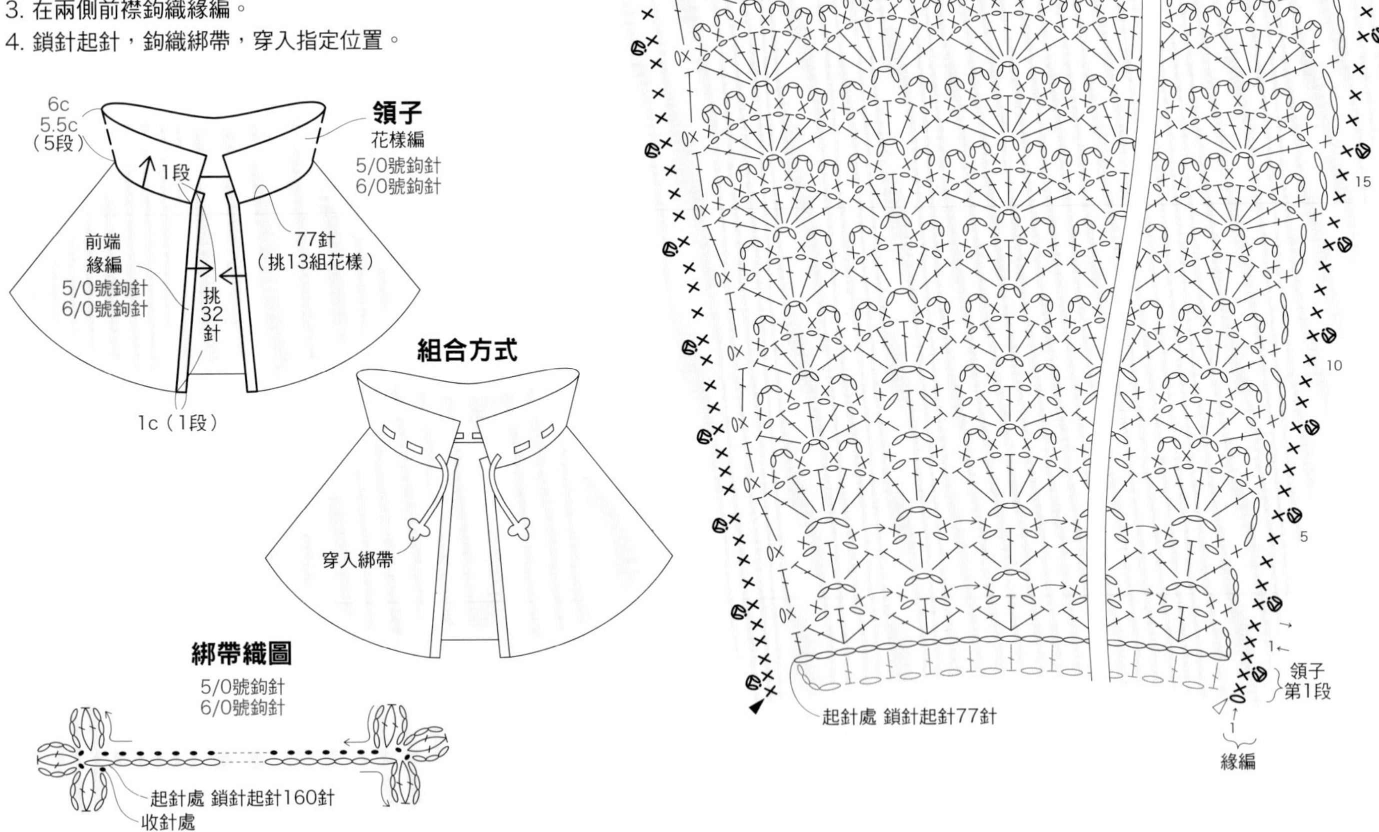

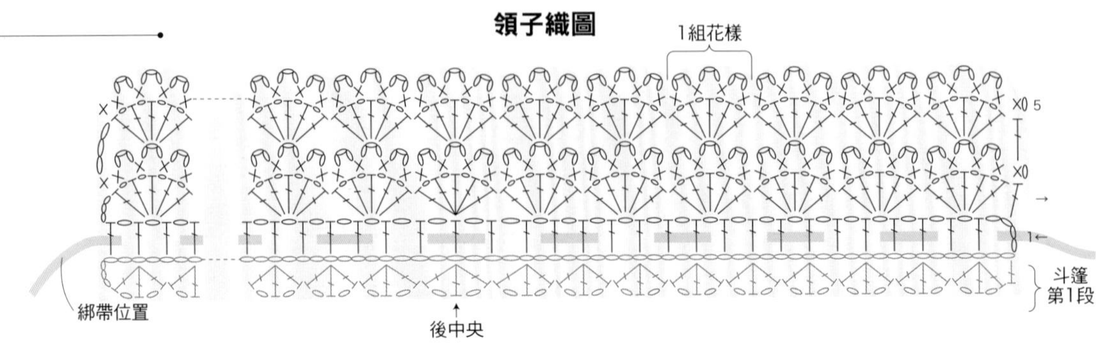

領子織法

在起針針目挑針的方法

※為了讓解說更清晰易懂，使用不同色線示範。

1 鉤針依箭頭指示，穿入起針針目餘下的1條線。

2 接上新線。

3 如圖示挑起針針目一條線或鎖針束，依織圖鉤織。

4 完成領子。

緣編織法

在段上挑針的方法

※為了讓解說更清晰易懂，使用不同色線示範。

1 鉤針依箭頭指示，穿入邊端針目中，鉤織短針。

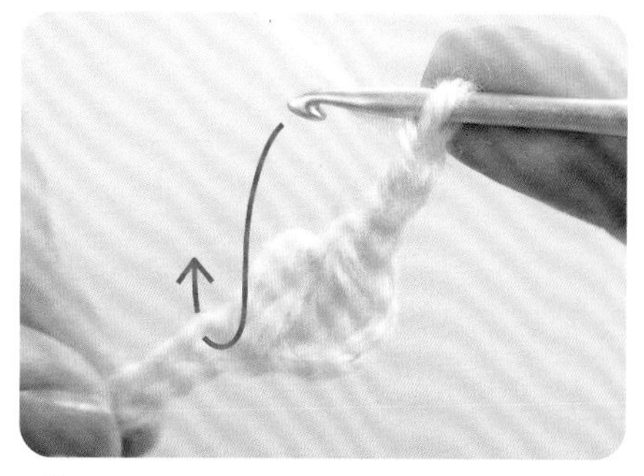

2 接著鉤織結粒針，之後同樣依箭頭指示，繼續參照織圖鉤織。

綁帶織法

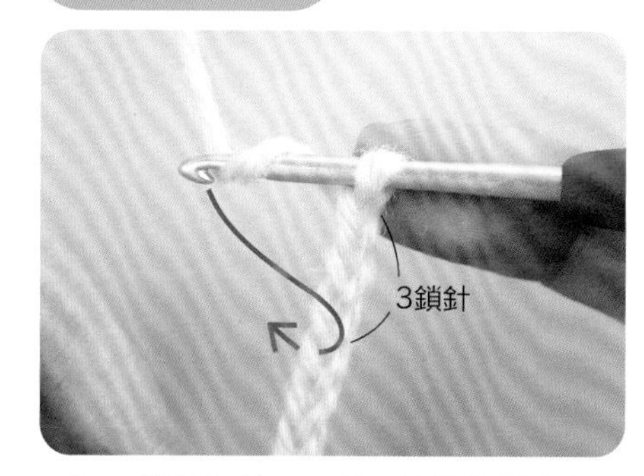

1 鎖針起針160針，接著鉤織立起針的3針鎖針，鉤針掛線，依箭頭指示挑針。

2 鉤織2長針的玉針與3針鎖針，接著依箭頭指示挑針鉤織引拔。

3 完成引拔的模樣。參照織圖，重複2次步驟1的3鎖針與步驟2。

4 如圖示挑鎖針裡山鉤引拔針。

5 完成綁帶。

長背心&小洋裝

16的長背心以條紋配色，並且長度足以包覆到臀部。
因為是以綁帶打結的方式固定，容易調整尺寸。

作法 P.50

織線…16→Wister 純毛中細
17→Wister Mamarm
設計…河合真弓
製作…福山逸子

2Way嬰兒服／POMPKINS

17

個月

鉤織作法與16的長背心相同，只是更換織線鉤織的作品17，則是作為可愛的前開式洋裝穿著。
若是內搭褲子，似乎能一直穿到變成罩衫為止呢！

附披肩T恤，
內搭褲／皆為Love&Peace&Money
（MILLI COMPANY LTD.）

16

17

P.48・P.49　16・17

使用織線

16 Wister純毛中細
　原色（51）110g
　粉紅色（57）25g
17 Wister Mamarm
　水藍色（63）230g
　原色（52）50g

工具

16 鉤針「Amure」3/0號
17 鉤針「Amure」5/0號

密度（10cm正方形）

16 花樣編　26針　11段
17 花樣編　21針　9段

完成尺寸

16 胸圍56cm　肩寬22cm
　衣長40.5cm
17 胸圍70cm　肩寬28cm
　衣長50cm

作法

1.鎖針起針，以花樣編鉤織前後衣身。
2.接著以短針、花樣編鉤織前後肩襠。
3.捲針併縫肩膀（參照P.11）。
4.在下襬、前襟、領口、袖襱鉤織緣編。
5.以雙鎖針鉤織綁帶，接縫於衣身上。
6.輪狀起針鉤織花朵織片，接縫於綁帶前端。

前後衣身・前後肩襠織圖

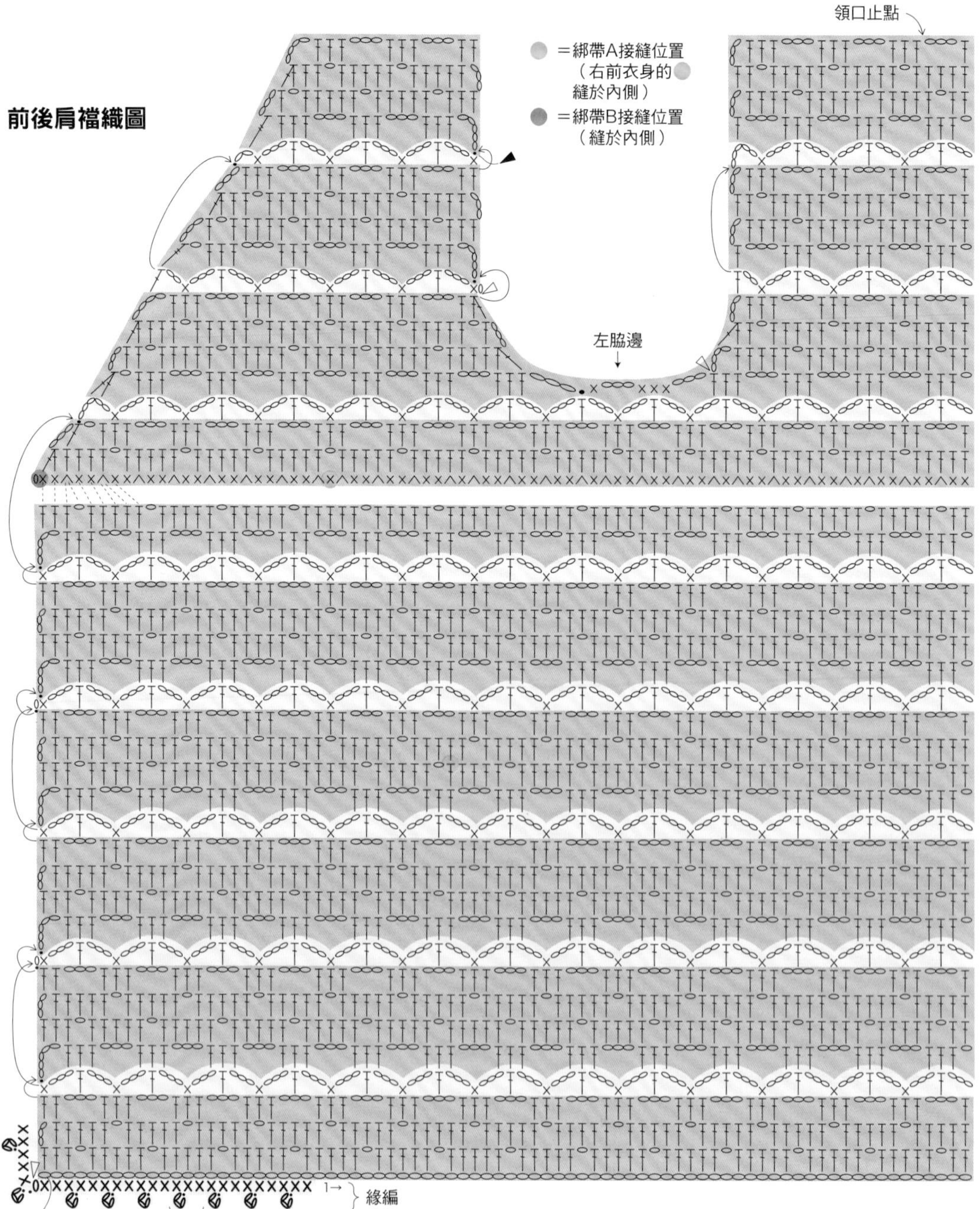

起針處
鎖針起針229針
緣編
3針1組花樣

配色

	A色	B色
16	原色	粉紅色
17	水藍色	原色

花朵織片織圖（4片）

3/0號鉤針
5/0號鉤針

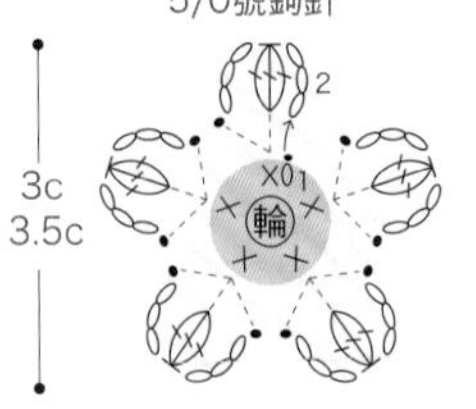

1段…A色
2段…B色

綁帶A（4條）　3/0號鉤針
5/0號鉤針

雙鎖針綁帶 B色
23c
28c（68針）

綁帶B（2條）　3/0號鉤針
5/0號鉤針

雙鎖針綁帶B色
20c
24c（60針）

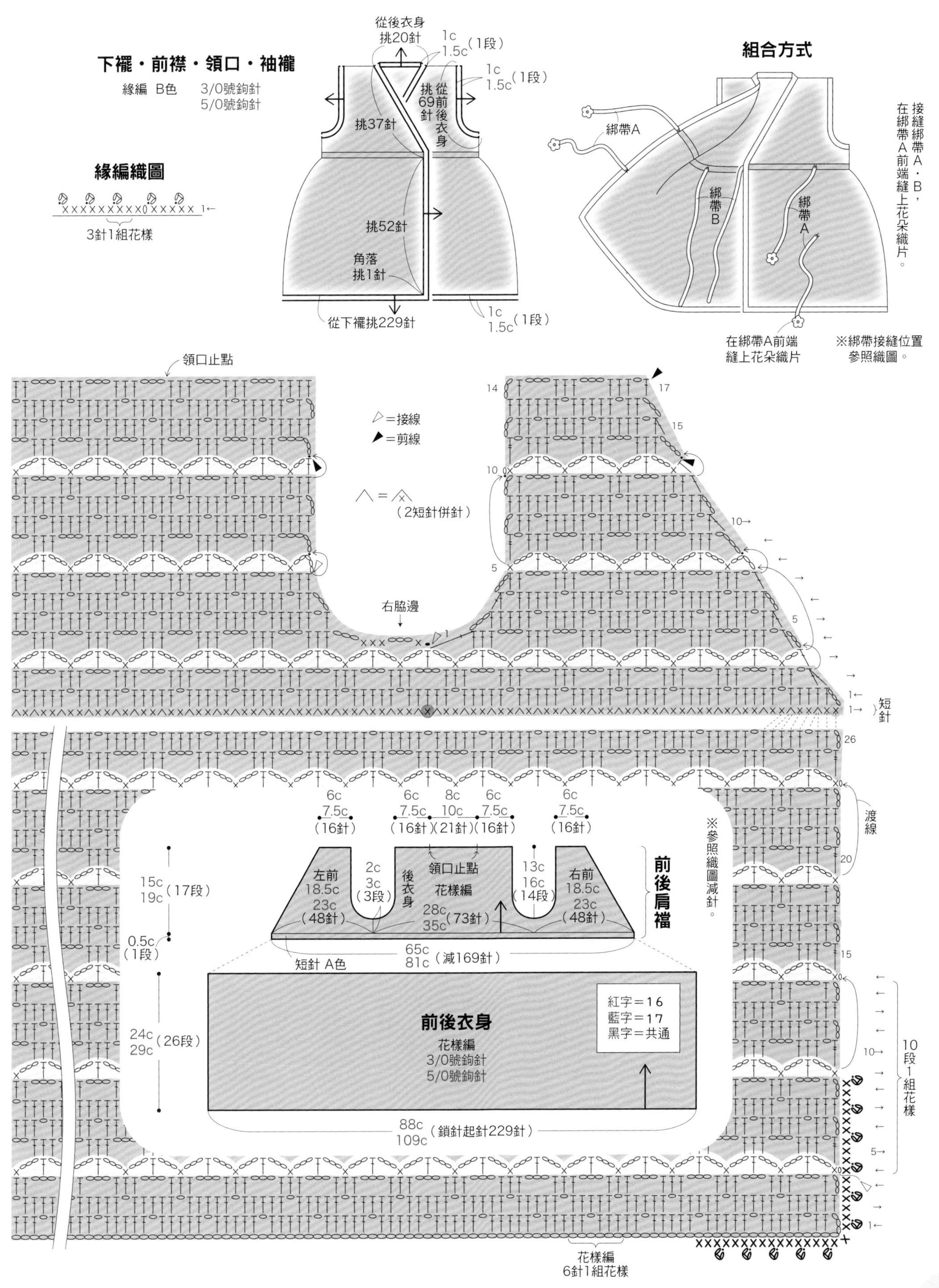

下襬・前襟・領口・袖襱
緣編 B色 3/0號鉤針 5/0號鉤針
從後衣身挑20針
1c 1.5c（1段）
挑37針
挑69針從前後衣身
挑52針
角落挑1針
從下襬挑229針
緣編織圖
3針1組花樣
組合方式
綁帶A
綁帶B
接縫綁帶A・B，在綁帶A前端縫上花朵織片。
在綁帶A前端縫上花朵織片
※綁帶接縫位置參照織圖。
領口止點
▷＝接線
▶＝剪線
（2短針併針）
右脇邊
短針
渡線
10段1組花樣
前後肩襠
左前 18.5c 23c（48針）
後衣身
領口止點
花樣編
28c 35c（73針）
右前 18.5c 23c（48針）
6c 7.5c（16針）
8c 10c（21針）
2c 3c（3段）
13c 16c（14段）
15c 19c（17段）
0.5c（1段）
24c 29c（26段）
65c 81c（減169針）
短針 A色
※參照織圖減針。
前後衣身
花樣編
3/0號鉤針
5/0號鉤針
紅字＝16
藍字＝17
黑字＝共通
88c 109c（鎖針起針229針）
花樣編
6針1組花樣

換色織法

※為了讓解說更清晰易懂，使用不同色線示範。

1 完成A色線的第3段後，將鉤針上的線圈拉大，線球如圖穿過線圈後拉緊。

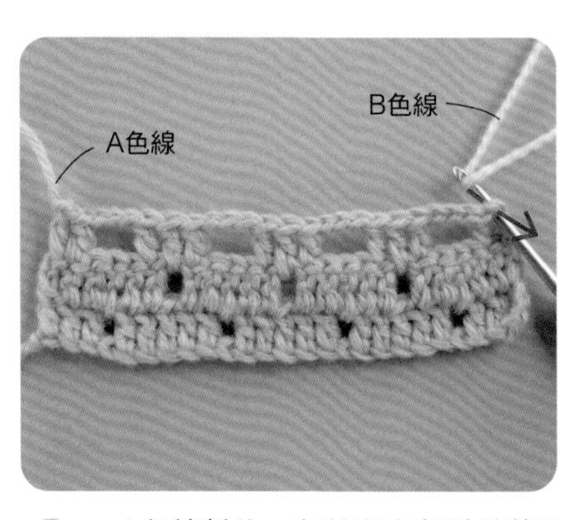

2 A色線暫休，在前段立起針的第3針鎖針入針，依箭頭方向鉤出B色線。

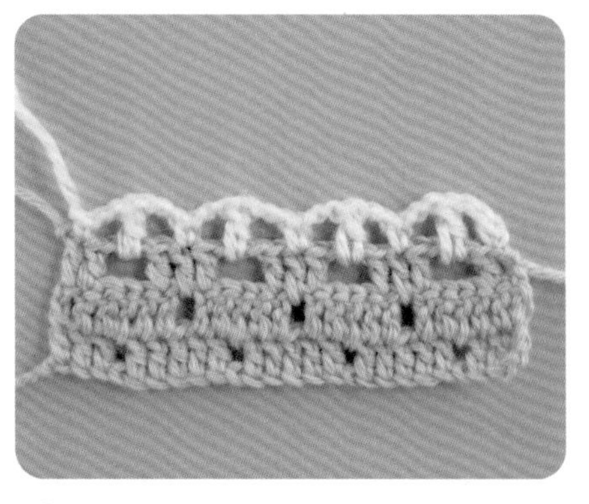

3 以B色線鉤織第4段，完成後進行步驟1的休針動作。

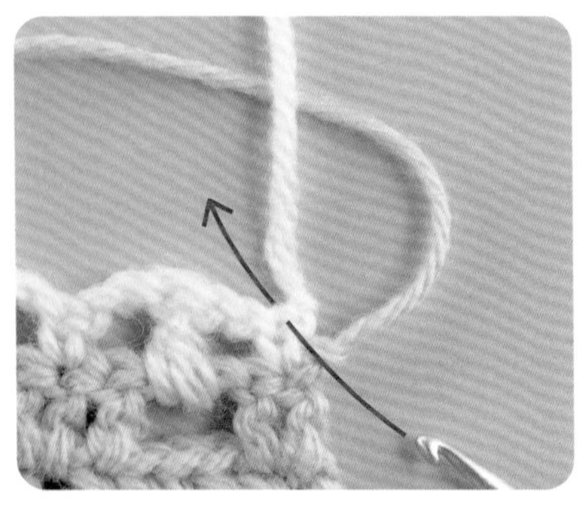

4 織片翻面，鉤針如圖示穿入第4段最後一針。

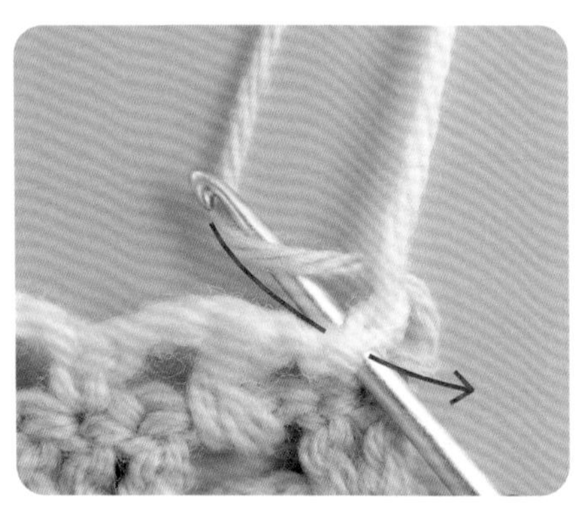

5 拉起步驟2暫休的A色線，掛線後依箭頭指示作引拔。

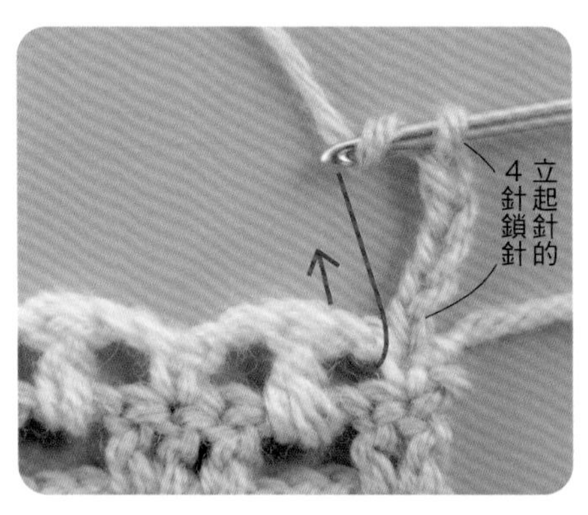

6 鉤立起針的4針鎖針，如圖示入針鉤織長針。

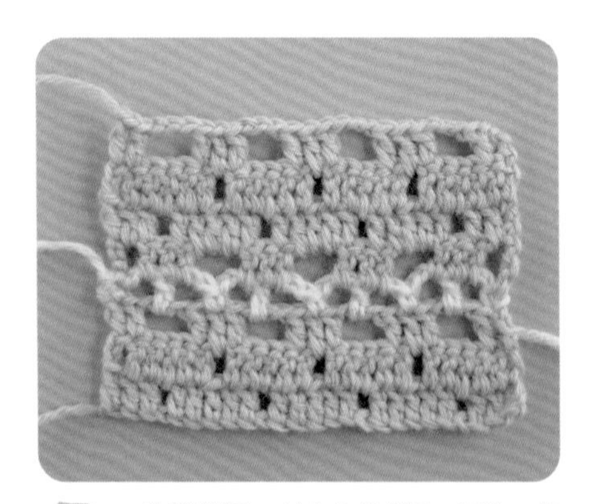

7 參照織圖，以A色鉤織5～8段，完成之後同步驟1作休針。

8 織片翻面，鉤針如圖示穿入前段最後一針針頭，拉起步驟3暫休的B色線鉤引拔。此時要注意別讓渡線鬆弛或鉤到。

9 接著依織圖以B色鉤織第9段。

前襟的緣編織法

挑束鉤織時包裹渡線

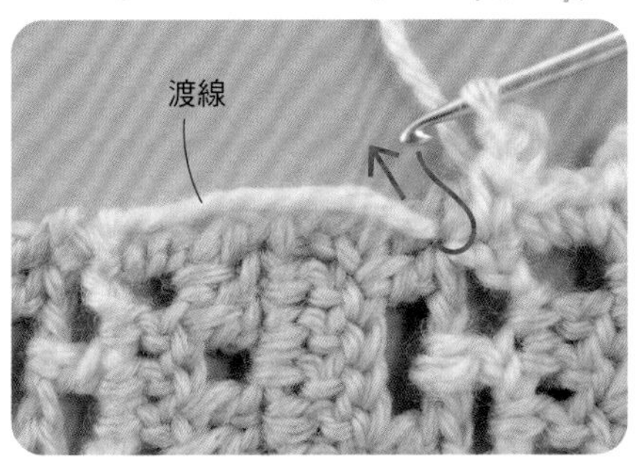

1 鉤針依箭頭指示穿入。

2 鉤針掛線依箭頭指示鉤出，將邊端針目與渡線一併挑束，鉤織短針。

3 完成短針。鉤針再依箭頭指示穿入，鉤織短針。

4 參照織圖進行至中途的模樣。

5 完成挑束鉤織時包裹渡線的模樣。

綁帶A・B的織法

雙鎖針線繩

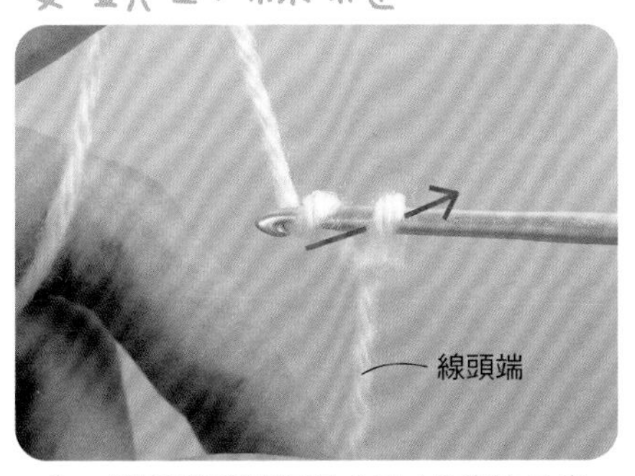

1 線頭端預留約完成尺寸3倍的長度。鉤針掛線，依箭頭指示作引拔。

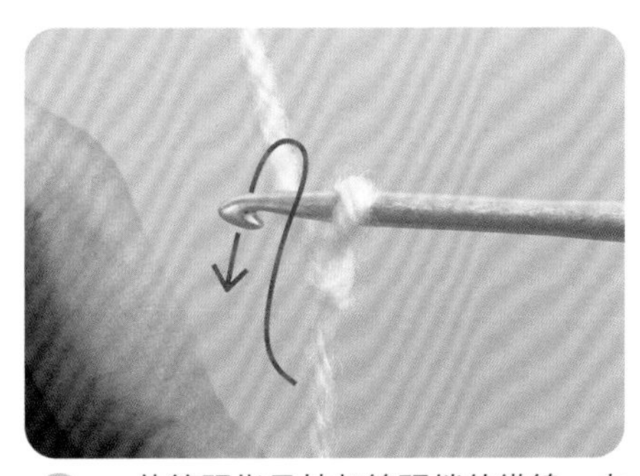

2 依箭頭指示拉起線頭端的織線，由內往外掛線。

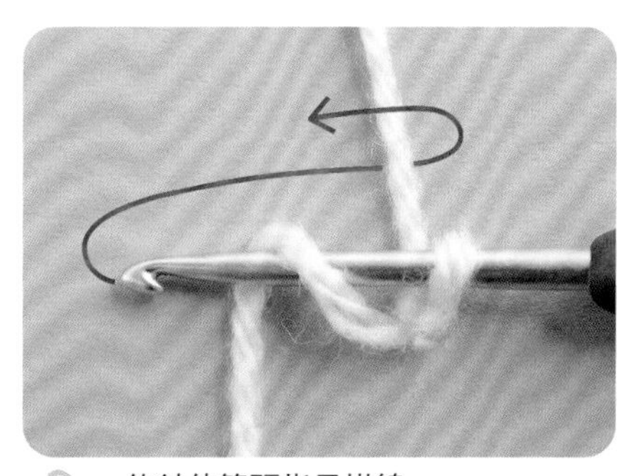

3 鉤針依箭頭指示掛線。

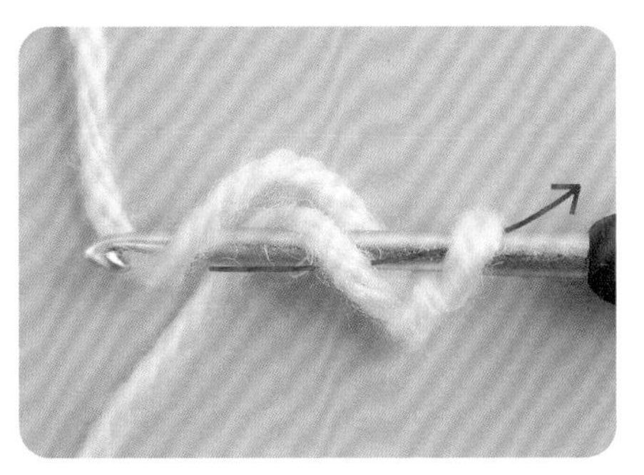

4 依箭頭指示作引拔。

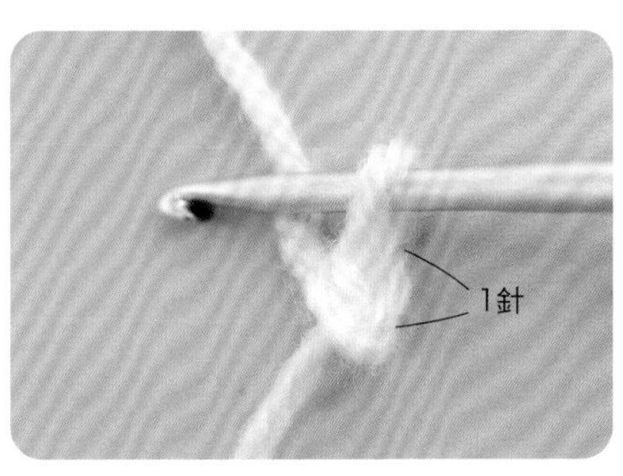

5 完成一針雙鎖針。

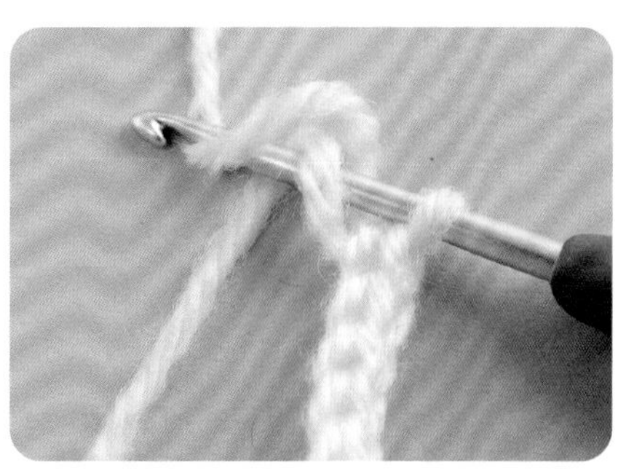

6 重複步驟2～4。

18

襪套

這款屬於時尚配件的襪套，
有著鬆軟的花樣織片且相當溫暖。
由於是十分小巧的織品，也想換不同顏色織看看呢！

個月

作法 P.55

織線…Wister Mamarm
設計…河合真弓
製作…栗原由美

麂皮鞋／POMPKINS

使用織線
Wister Mamarm
黃綠色（61）45g
工具
鉤針「Amure」6/0號
密度
花樣編 1組花樣＝5.6cm 9.5段＝10cm
完成尺寸
小腿圍17cm 長21cm
作法
1. 鎖針起針，以輪編的花樣編鉤織襪套。
2. 繼續鉤織緣編。
3. 在起針針目挑針，鉤織緣編。
4. 鉤織綁帶，穿入指定位置。

襪套（2個）
花樣編 6/0號鉤針

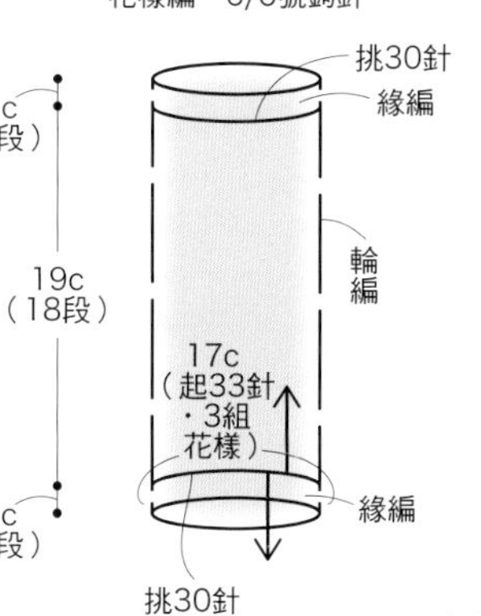

組合方式

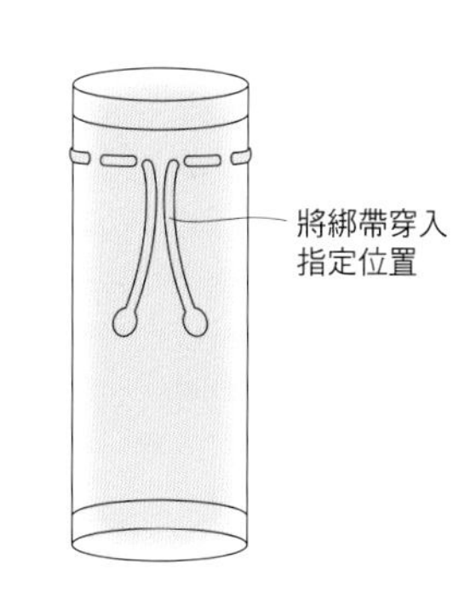

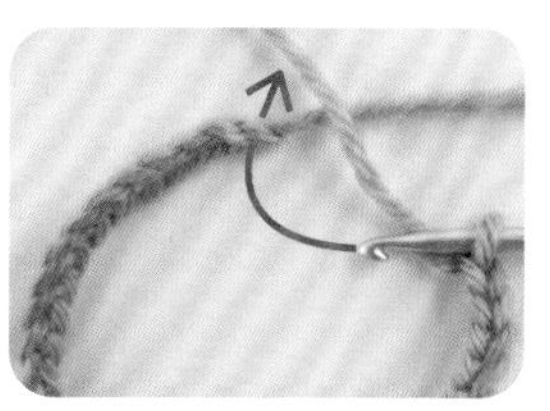

起針作法（鎖針起針的輪編）

襪套織圖

綁帶織圖（2條）
6/0號鉤針
42c（鎖針70針）
起針處
收針處

1 鎖針起針33針。注意別讓鎖針扭轉，鉤針依箭頭指示穿入第1針鎖針（挑鎖針上方1條與裡山）。

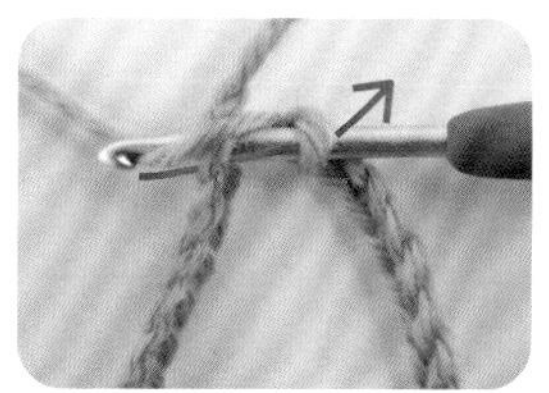

2 鉤針掛線，如圖鉤織引拔針。

3 完成將起針針目接合成輪狀。

花樣編第1段

2中長針的變形玉針

1 鉤針掛線，如圖示穿入起針針目的鎖針，鉤出織線。

2 鉤織1針未完成的中長針。鉤針掛線，依箭頭指示在相同針目再鉤1針未完成的中長針。

3 完成2針未完成的中長針。鉤針掛線，依箭頭指示引拔。

4 鉤針掛線，依箭頭指示再次引拔。

5 完成2中長針的變形玉針。

連身衣

最適合讓開始變得活潑好動的
小朋友穿著的連身衣。
19是水藍色配上灰色滾邊，
20則是只以單純的原色鉤織。

19

6~12個月

作法 P.58

織線…Wister Mamarm
設計…鎌田恵美子
製作…小林知子

嬰兒鞋／POMPKINS

雙肩與下襠
皆以鈕釦固定。
衣服與尿布都能夠輕鬆換穿，
寶寶媽媽都開心。

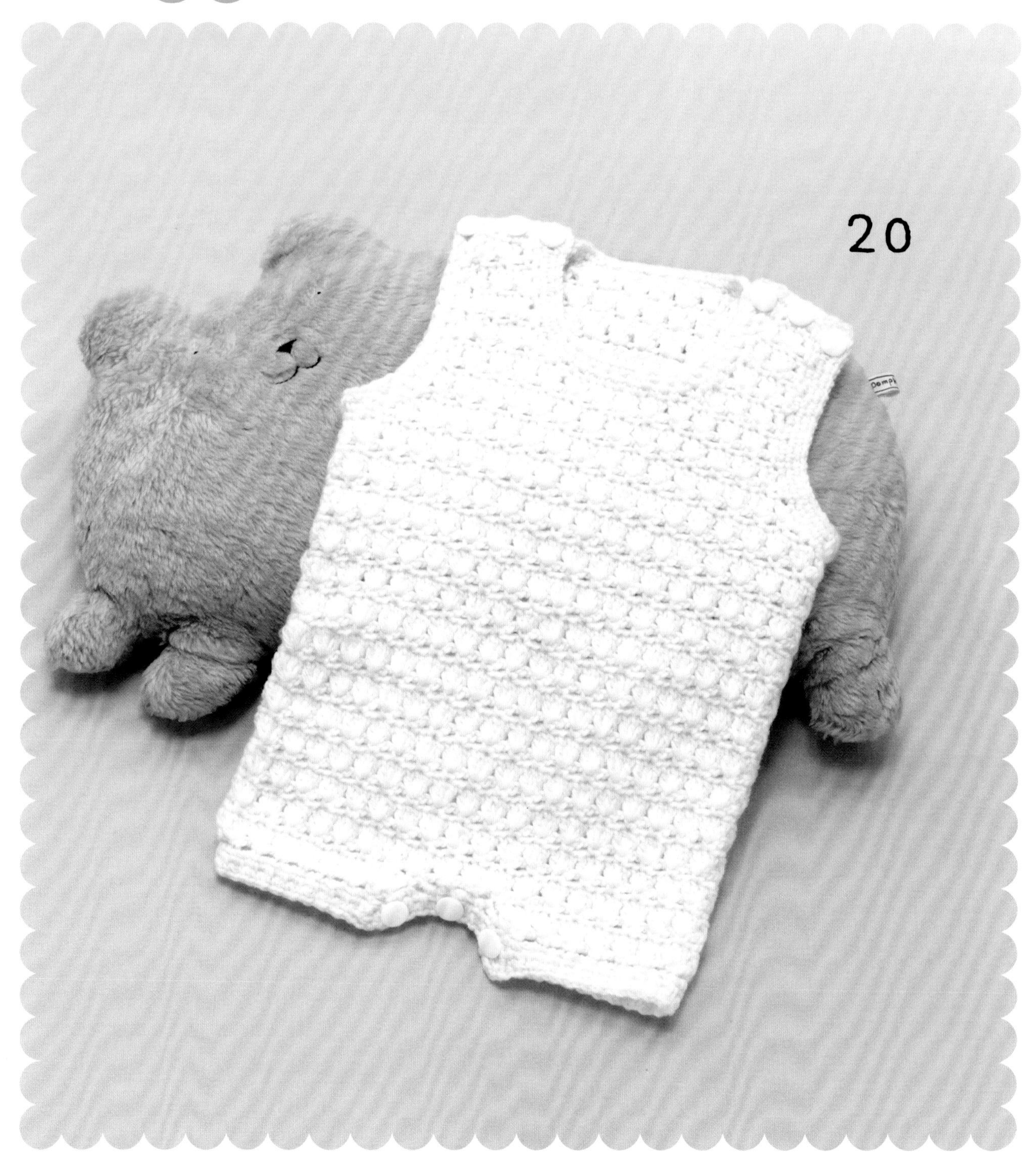

有機棉抱枕／POMPKINS

P.56・P.57 19・20

使用織線
Wister Mamarm
19水藍色（63）125g
深灰色（69）25g
20原色（52）150g

其他材料
鈕釦（15mm）各9個

工具
鉤針「Amure」5/0號

密度（10cm正方形）
花樣編A　20.5針　10.5段

完成尺寸
胸圍57cm　肩寬23cm
衣長42cm

作法
1. 鎖針起針，以花樣編A・B鉤織後衣身與前衣身。
2. 兩脇邊挑針併縫，接合成輪狀。
3. 在前後衣身挑針，沿下襬、袖口、領口鉤織花樣編B。
4. 沿下襬與衣身下擋挑針，以花樣編B鉤織褲口滾邊。
5. 縫上鈕釦。

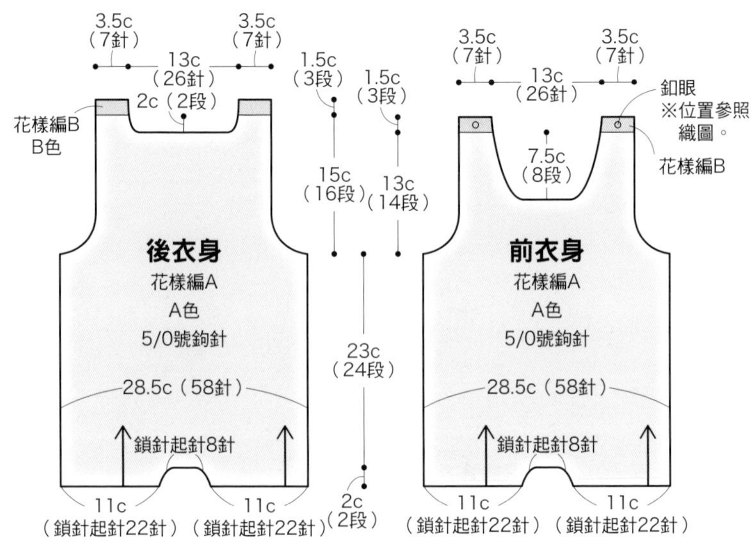

配色

	A色	B色
19	水藍色	深灰色
20	原色	原色

下襬・袖口・領口・褲口
花樣編B　B色　5/0號鉤針

1.5c（3段）
挑35針
挑38針
挑35針
1.5c（3段）
挑55針
釦眼
※位置參照織圖。
1.5c（3段）
後衣身
前衣身
挑針併縫
挑針併縫
輪編
★＝挑17針
ϕ
★
挑43針
ϕ＝挑3針
ϕ
ϕ
1.5c（3段）
釦眼
※位置參照織圖。

後擋織圖

前擋織圖

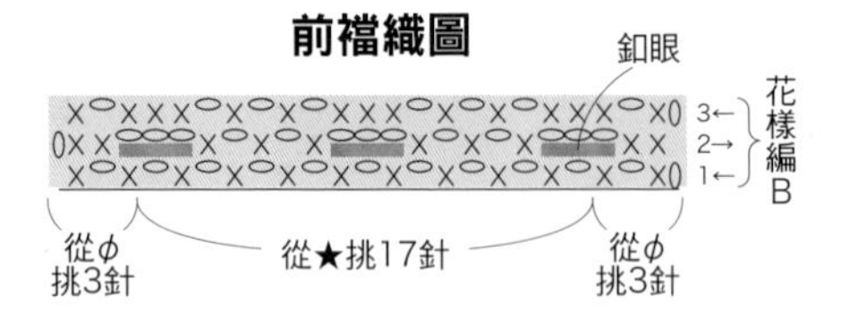

渡線

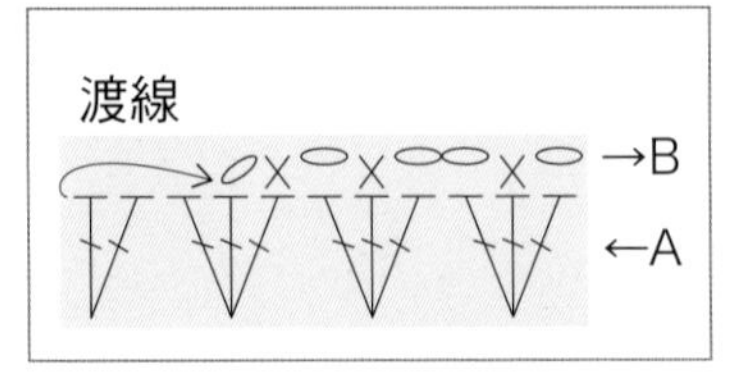

1 完成A段後，將鉤針上的線圈拉大，線球如圖穿過線圈後拉緊。

2 織片翻面，鉤針如圖示穿入渡線針目，掛線鉤引拔針。

3 鉤出織線的模樣。此時要注意別讓渡線鬆弛或鉤到。

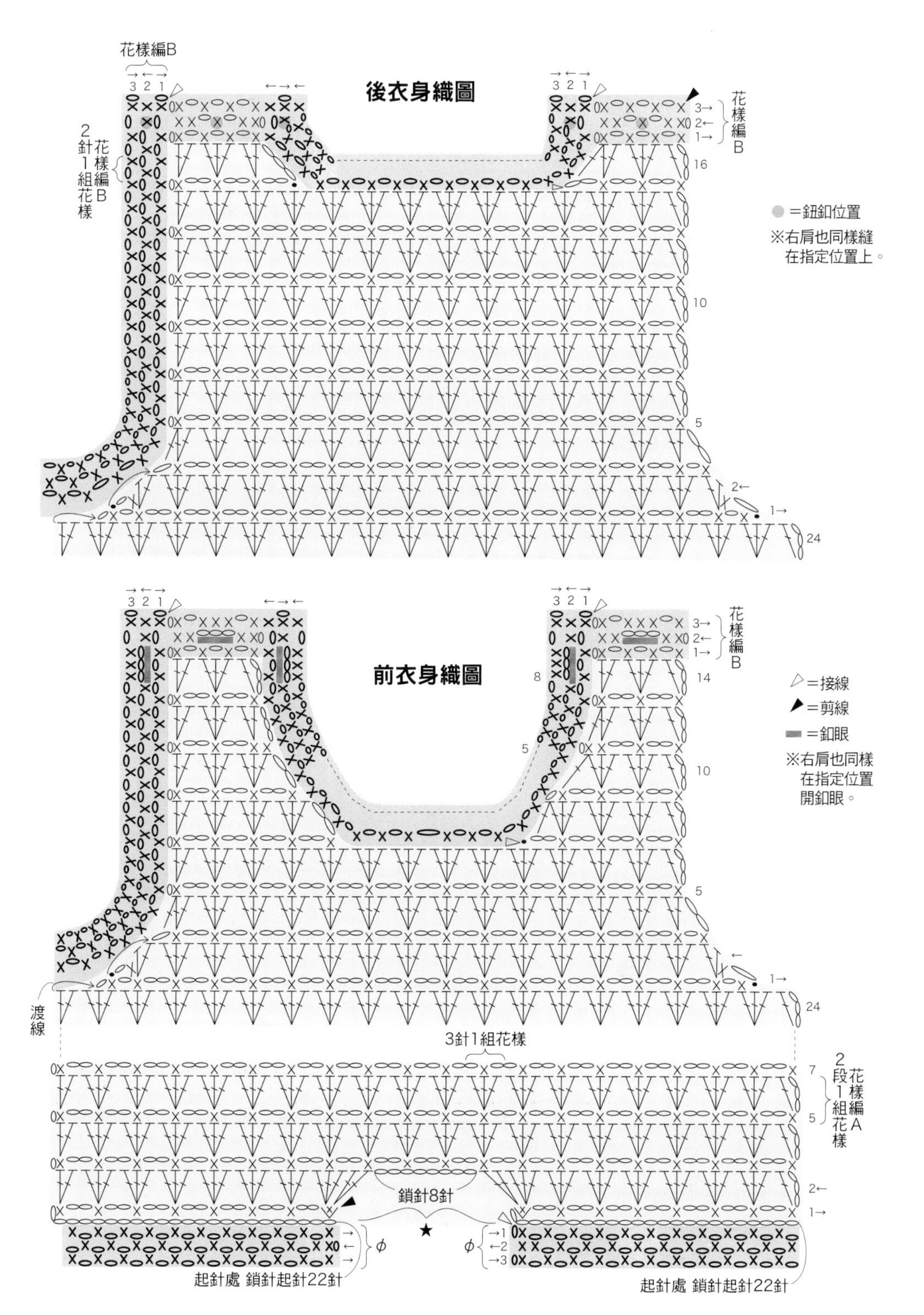

4 鉤針掛線，依箭頭指示引拔。

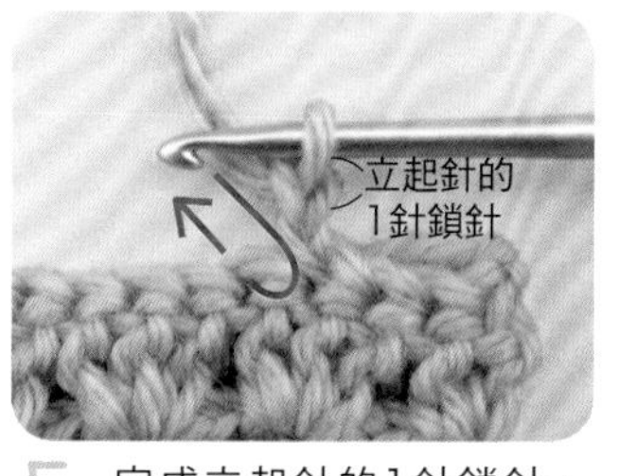

5 完成立起針的1針鎖針，依箭頭指示在下一個針目入針鉤織短針。

6 完成短針的模樣。

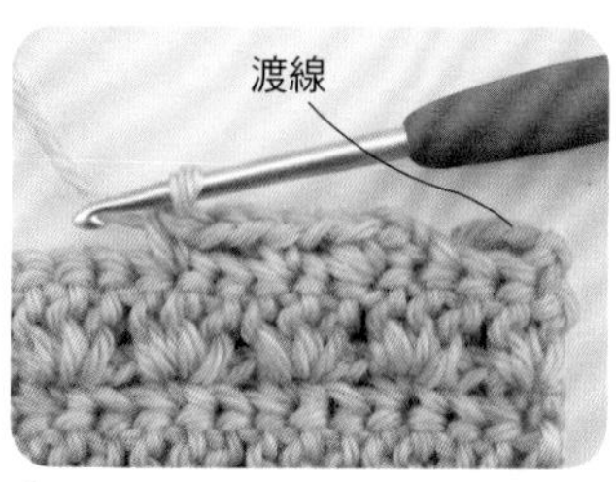

7 參照織圖繼續鉤織。

狗耳帽&貓耳帽

21是狗狗帽，22則是宛如貓咪耳朵的帽子。戴起來充滿童稚天真的模樣，
是令人不禁會心一笑的設計。選用混有大粒花呢的人氣織線鉤織。

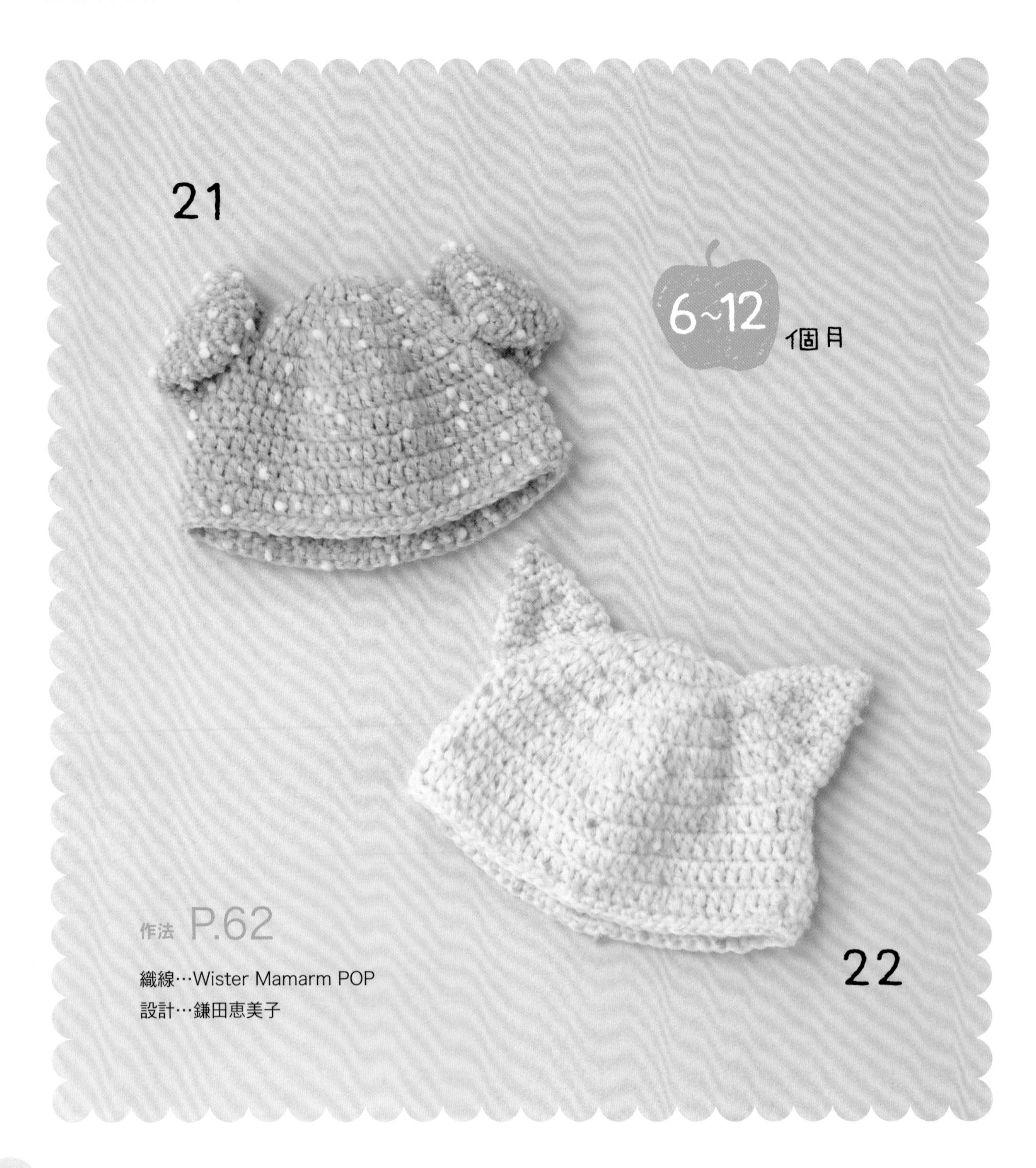

作法 P.62

織線…Wister Mamarm POP
設計…鎌田恵美子

連身服／皆為baby cheer（MILLI COMPANY LTD.）

P.60　21・22

使用織線

Wister Mamarm POP

21 鮭魚粉（31）50g

22 原色（35）45g

工具

鉤針「Amure」7/0號鉤針

密度（10cm正方形）

長針　14.5針　7段

完成尺寸

頭圍44cm

作法

1. 輪狀起針，以輪編的長針、短針鉤織帽子。
2. 輪狀起針，以輪編的短針鉤織耳朵，接縫在帽子上。

帽子

7/0號鉤針

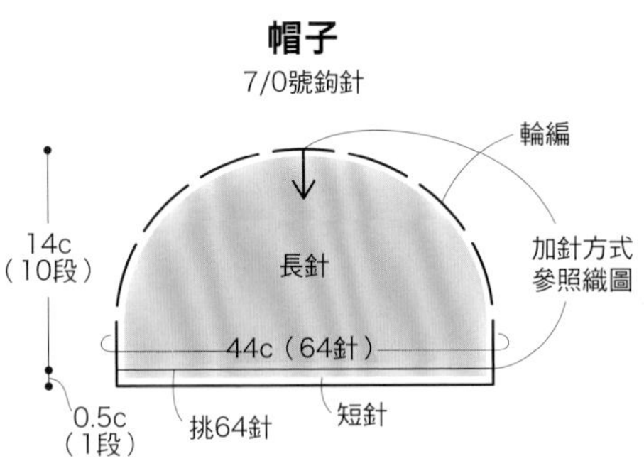

段	針數	加減針
10〜7	64	不加減針
6	64	加4針
5	60	每段加12針
4	48	
3	36	
2	24	
1	12	輪狀起針12針

帽子織圖

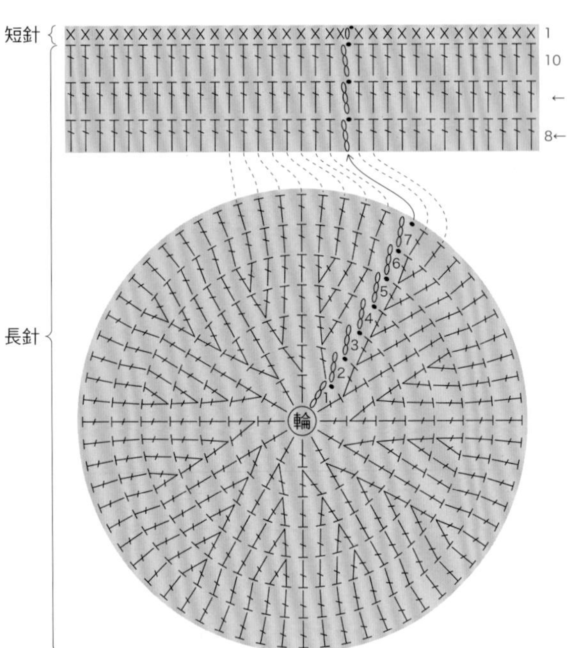

21 耳朵（2片）

短針　7/0號鉤針

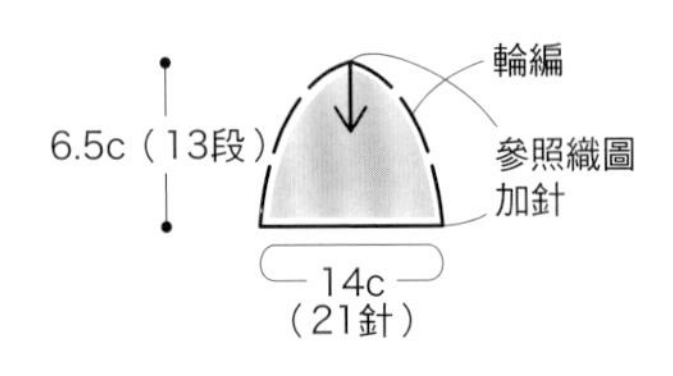

21 耳朵織圖

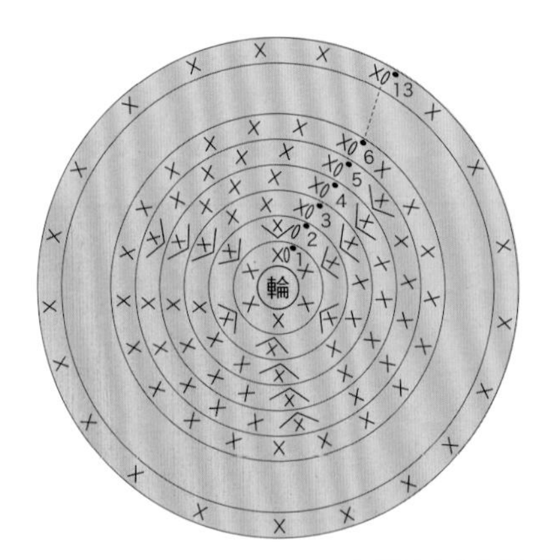

段	針數	加減針
13〜6	21	不加減針
5	21	每段加3針
4	18	
3	15	
2	12	加6針
1	6	輪狀起針6針

22 耳朵（2片）

短針　7/0號鉤針

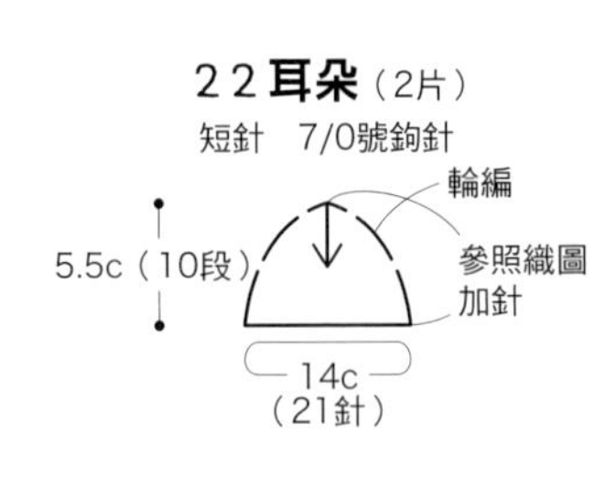

22 耳朵織圖

段	針數	加減針
10	21	不加減針
9	21	加3針
8	18	不加減針
7	18	加3針
6	15	不加減針
5	15	每段加3針
4	12	
3	9	
2	6	加2針
1	4	輪狀起針4針

組合方式

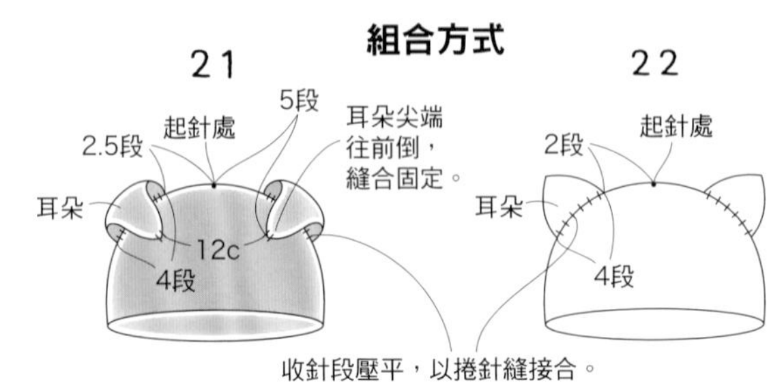

耳朵縫法

收針段壓平以捲針縫接合

※為了讓解說更清晰易懂，使用不同色線示範。

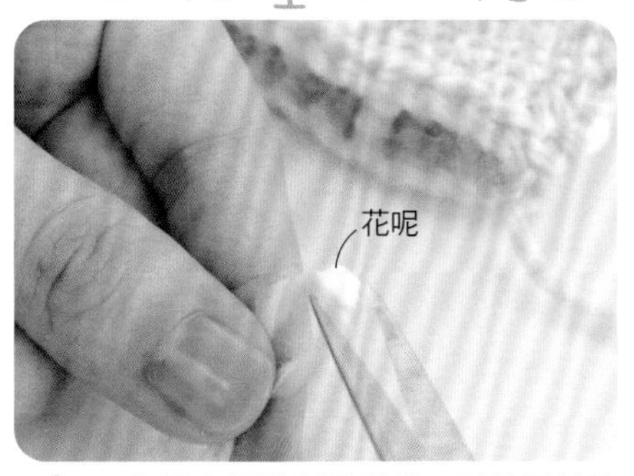

1 為了方便進行捲針縫，以剪刀剪掉織線上的花呢顆粒。

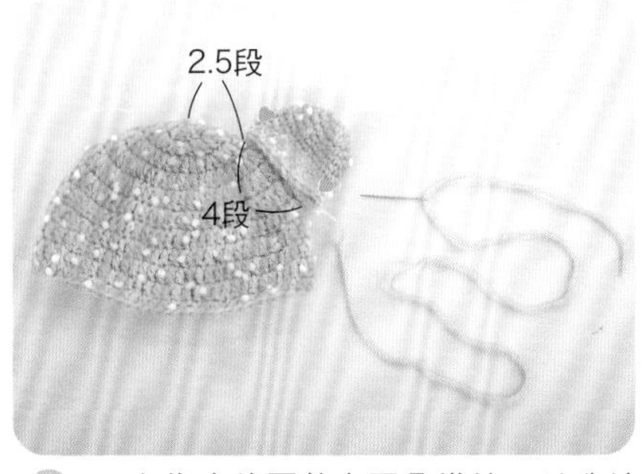

2 在指定位置放上耳朵織片，以珠針固定。

3 縫針如圖示穿入帽子與耳朵的針目。此時是挑耳朵最終段鎖狀針頭的2條線。

4 依箭頭指示拉線。

5 繼續在帽子上接縫耳朵。

6 接縫至一半的模樣。

7 完成帽子與耳朵的接縫。

21 摺耳縫法

※為了讓解說更清晰易懂，使用不同色線示範。

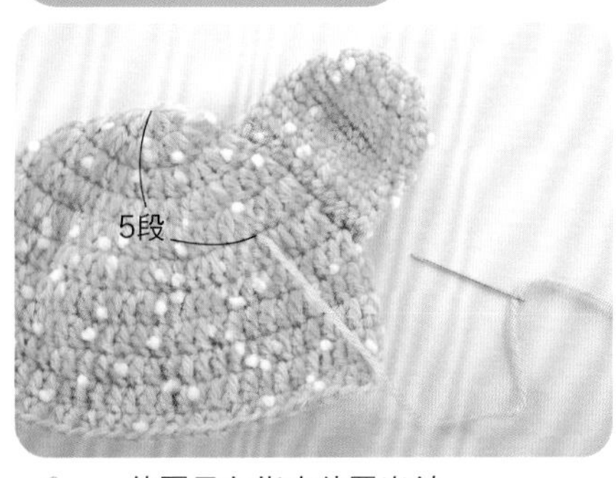

1 依圖示在指定位置出針。

2 縫針如圖穿入耳朵尖端，依箭頭指示在步驟1出針的位置挑針。

3 縫針挑針的模樣。

4 重複2～3次步驟2，將耳朵尖端固定在帽子上。

5 完成作品21。

針織裙

稍微帶著小姐姐氛圍的典雅灰色＆淺褐色的針織裙。

下襬的荷葉邊以繽紛多彩的蓬鬆織線鉤織，更增添女孩氣息。

作法 P.66

織線…Wister Mamarm，Wister Reveria

設計…岡本啓子

製作…鈴木恵美子

女孩（左）…附領片T恤／Love&Peace&Money
（MILLI COMPANY LTD.）
女孩（右）…嬰兒鞋／POMPKINS

23・24

24

使用織線

23 Wister Mamarm
淺紫色（68）90g
Wister Reveria
紫・綠・紅・黃混色線（91）20g

24 Wister Mamarm
淺褐色（54）120g
Wister Reveria
淺褐・紅・紫・綠混色線（92）25g

其他材料

平織鬆緊帶（寬5mm）23 35cm 24 40cm

工具

鉤針「Amure」6/0號・7/0號

密度

花樣編A（6/0號鉤針）
1組花樣＝2.8cm 10段＝10cm

完成尺寸

23 裙長22.5cm 24 裙長26cm

作法

1. 鎖針起針連接成環，以輪編的花樣編A・B鉤織裙子。
2. 在花樣編B挑針鉤織荷葉邊。
3. 在起針針目挑針，以輪編的長針、花樣編C鉤織腰帶。
4. 腰帶往內側摺下作捲針縫，穿入鬆緊帶。

裙子 A色

挑 90針 100針
長針 6/0號鉤針
花樣編C 6/0號鉤針
腰帶
1c（1段）
2c（2段）
50c（鎖針起針108針・18組花樣）
56c（鎖針起針120針・20組花樣）
連接成環
輪編
10c（10段）
12c（12段）
花樣編A 6/0號鉤針
6c（6段）
7.5c（8段）
花樣編A 7/0號鉤針
4.5c（3段）
花樣編B 7/0號鉤針
72c（18組花樣）
80c（20組花樣）

配色

	A色	B色
23	淺紫色	紫・綠・紅・黃混色線
24	淺褐色	淺褐・紅・紫・綠混色線

紅字＝23
藍字＝24
黑字＝共通

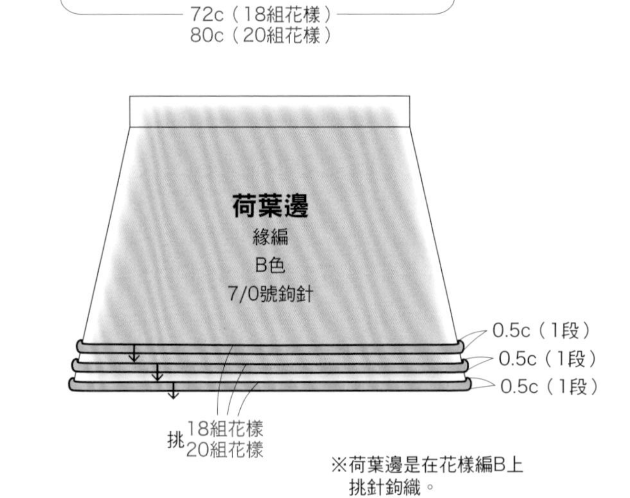

※荷葉邊是在花樣編B上挑針鉤織。

裙子織圖

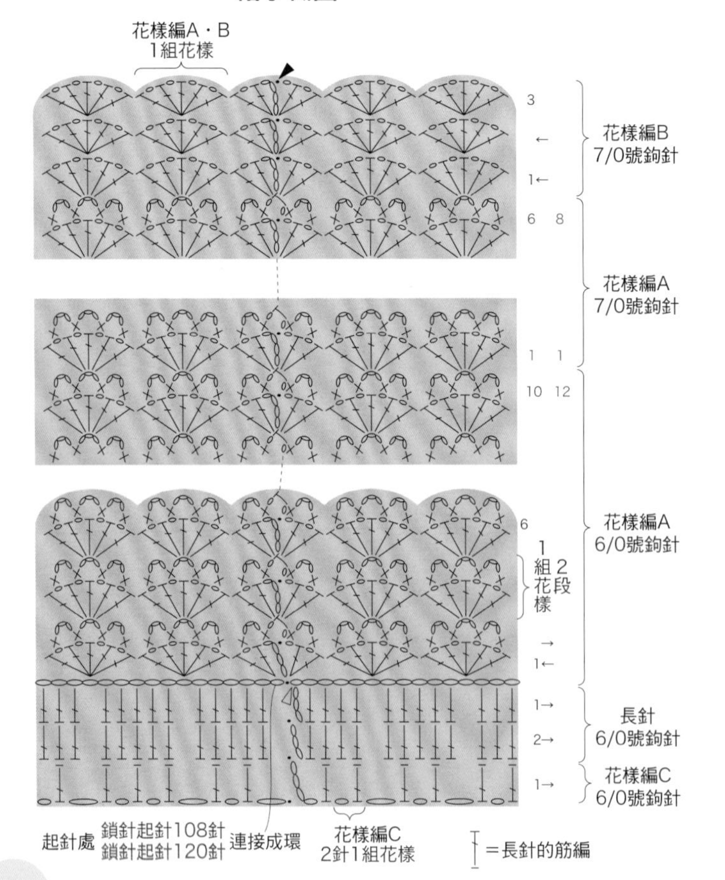

荷葉邊織圖

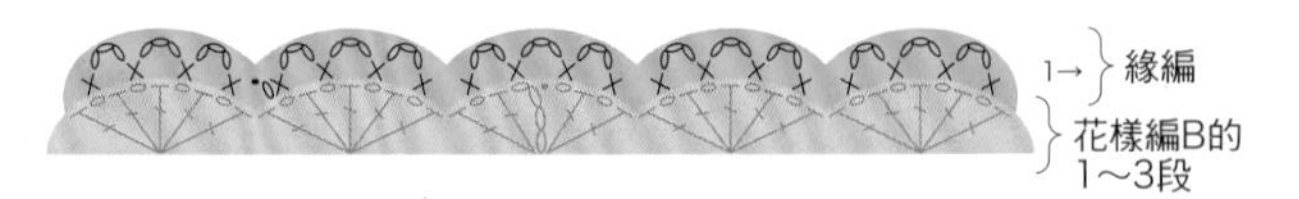

※參照P.67圖解步驟接線，分別在花樣編B的1～3段鉤織。

組合方式

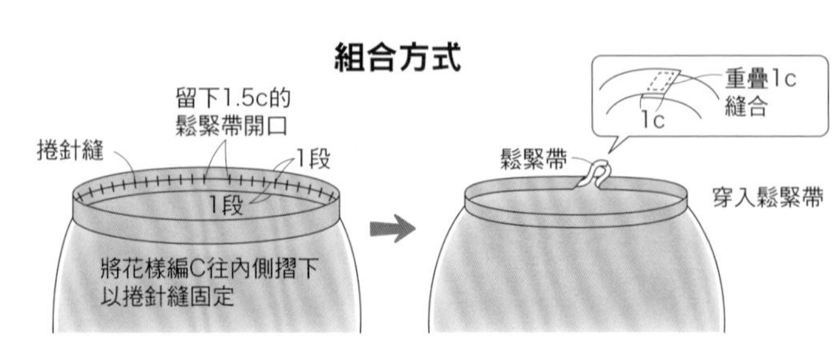

荷葉邊織法

※為了讓解說更清晰易懂，使用不同色線示範。

1 鉤織至裙子最終段為止，收線。

2 如圖示將裙子轉向，鉤針依箭頭指示，在荷葉邊的位置挑束。

3 鉤針掛B色線，依箭頭指示鉤出。

4 鉤出織線的模樣。

5 鉤織立起針的1針鎖針、短針、3針鎖針，再依箭頭指示挑束鉤織短針。

6 重複鉤織3針鎖針與短針。

7 完成第1段的一圈荷葉邊。

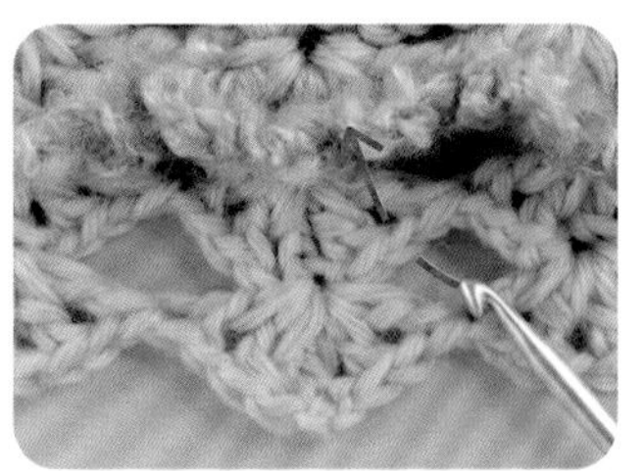

8 接著同樣如圖示入針，在第2段接線鉤織荷葉邊。第3段也是相同作法。

腰帶的花樣編C

長針的筋編

※為了讓解說更清晰易懂，使用不同色線示範。

1 鉤針掛線，依箭頭指示僅挑前段長針針頭的外側1條線，鉤織長針。

2 完成長針的筋編。前段鎖狀針頭的另外1條線，會在織片上呈現浮凸的線條。

鬆緊帶穿入方法

※為了讓解說更清晰易懂，使用不同色線示範。

1 如圖將最後一段往內摺下，在第1、2段長針的交界挑針作捲針縫。最後1.5cm留下不縫，作為鬆緊帶穿口。

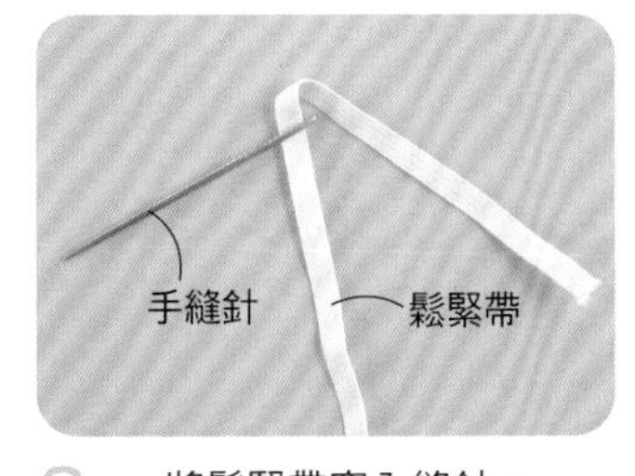

2 將鬆緊帶穿入縫針。

3 縫針依箭頭指示，從鬆緊帶穿口將鬆緊帶穿入。

4 鬆緊帶沿腰帶穿過一圈，將兩端重疊1cm縫合固定。

針織褲

容易活動的九分褲，由於手織品有著適當的厚度，因此穿起來相當溫暖。

在綁帶前端加上線球當作點綴。

6~12個月

25

作法 P.72

織線…Wister 可洗合太

設計…岡本啓子

製作…中村千穗子

嬰兒玩具／Love&Peace&Money（MILLI COMPANY LTD.）

條紋襪套、嬰兒鞋／POMPKINS

背心裙

胸口與下襬排列著宛如鬱金香花朵的可愛花樣。
鉤織肩帶長度時，請依實際體型調整。

作法 P.75

織線…26→Wister 可洗合太
27→Wister Lala Baby
設計…Sachiyo＊Fukao
製作…奧田順子

附領片T恤／Love&Peace&Money
（MILLI COMPANY LTD.）
麂皮鞋／POMPKINS

6~12
個月

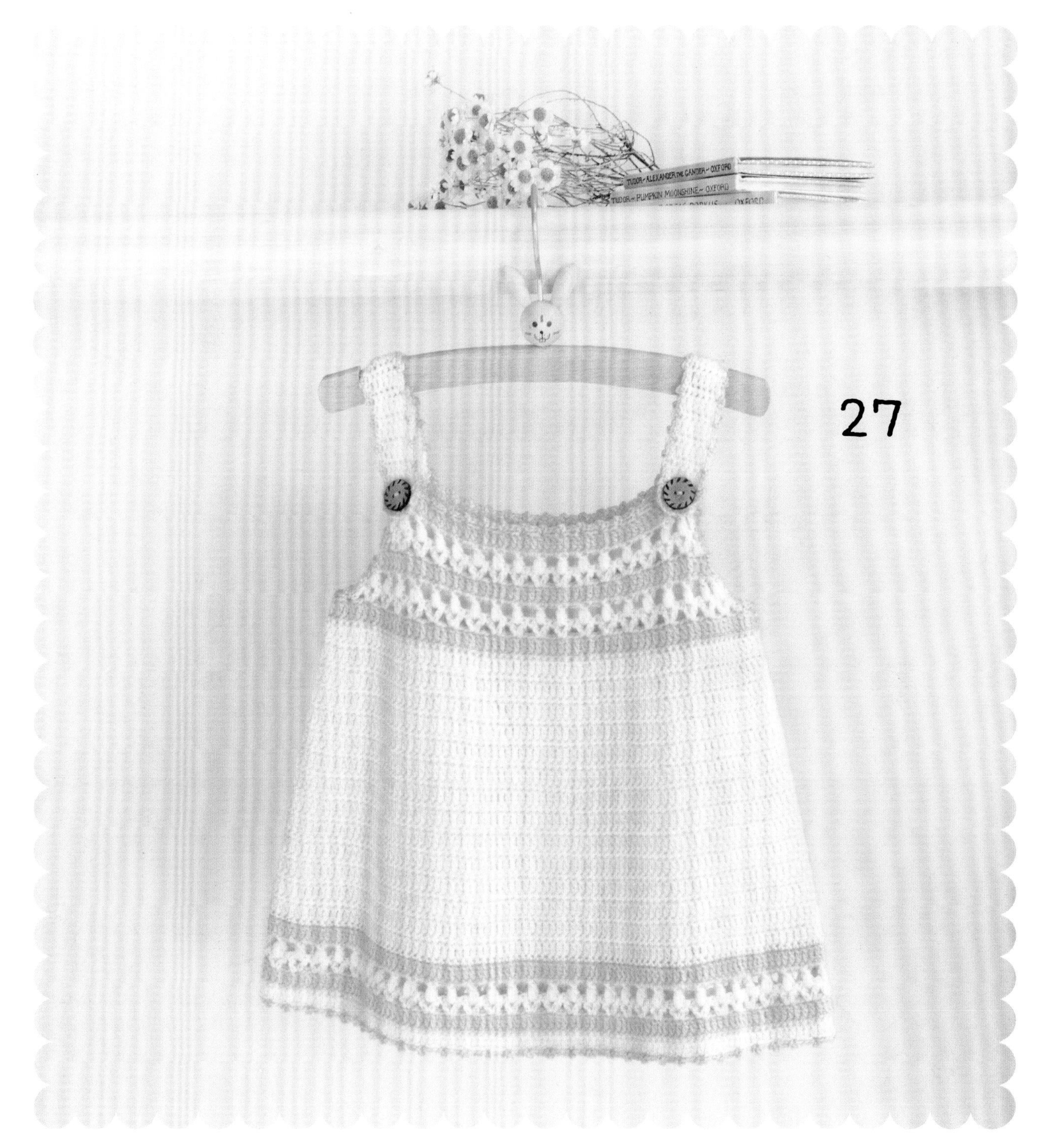
TUDOR - ALEXANDER THE GANDER - OXFORD
TUDOR - PUMPKIN MOONSHINE - OXFORD
27

P.68 25

使用織線
Wister 可洗合太
芥末黃（4）105g
焦茶色（5）5g

其他材料
平織鬆緊帶（寬10mm）46cm

工具
鉤針「Amure」5/0號

密度（10cm正方形）
花樣編A 23.5針 9.5段

完成尺寸
長27.5cm

作法
1. 鎖針起針，以花樣編A鉤織左、右褲片。
2. 分別挑針併縫左右褲片股下。
3. 挑針縫合前、後立檔。
4. 沿褲管口鉤織緣編。
5. 在左右褲片挑針，以輪編的花樣編A・B鉤織腰帶。
6. 腰帶部分往內側對摺，以捲針縫固定。
7. 將鬆緊帶穿入腰帶中。
8. 鎖針起針，鉤織綁帶穿入腰帶的指定位置。
9. 輪狀起針鉤織毛線球，接縫於綁帶兩端。

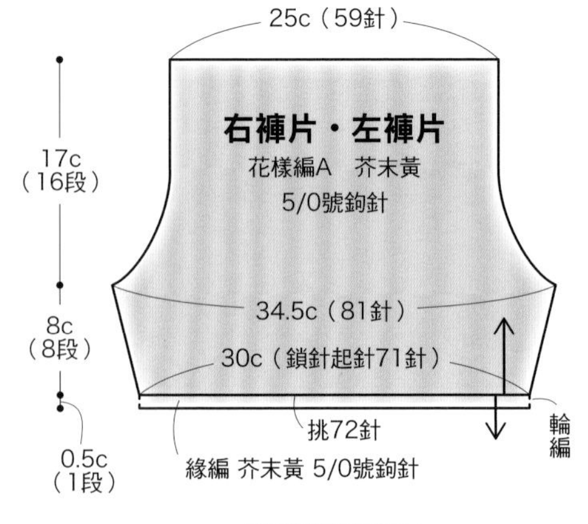

※參照織圖加減針。

組合方式

①挑針併縫股下，沿褲管口鉤織緣編。

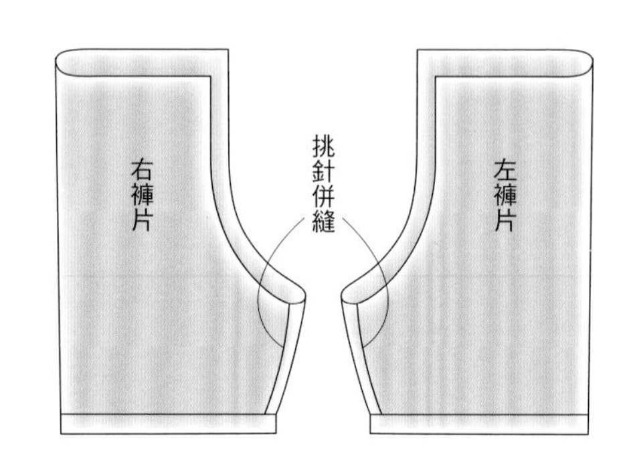

②挑針併縫立檔。

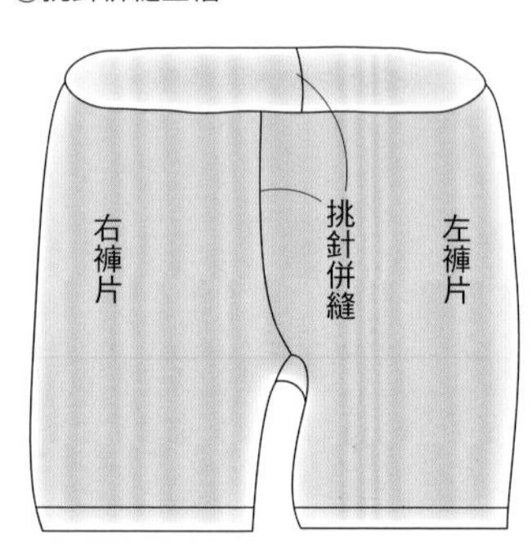

③鉤織腰帶。

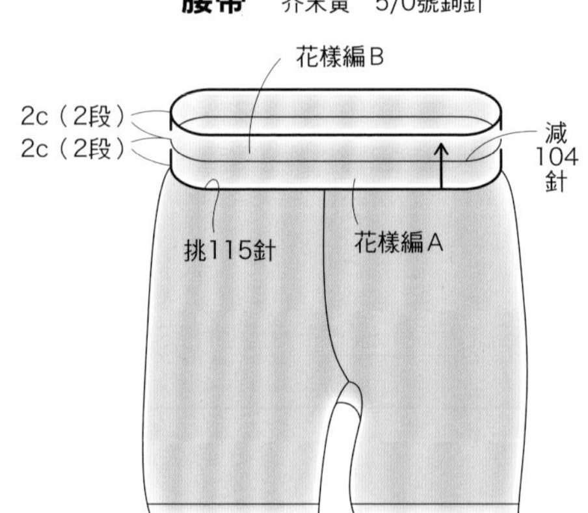

④將腰帶部分往內側對摺，
以捲針縫固定（參照P.67）。

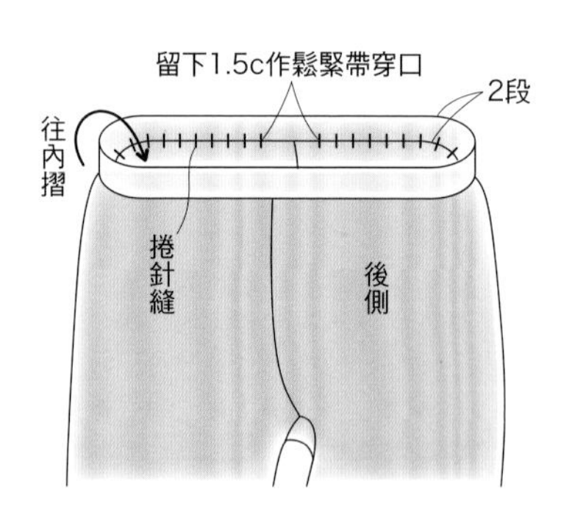

⑤穿入鬆緊帶（參照P.67）。

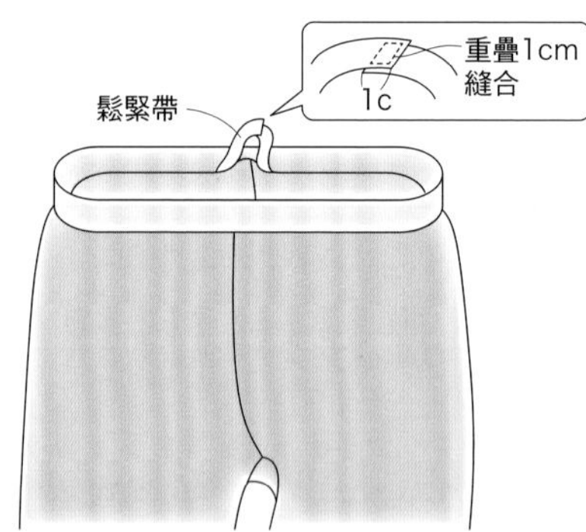

⑥穿入綁帶，
兩端接上織球。

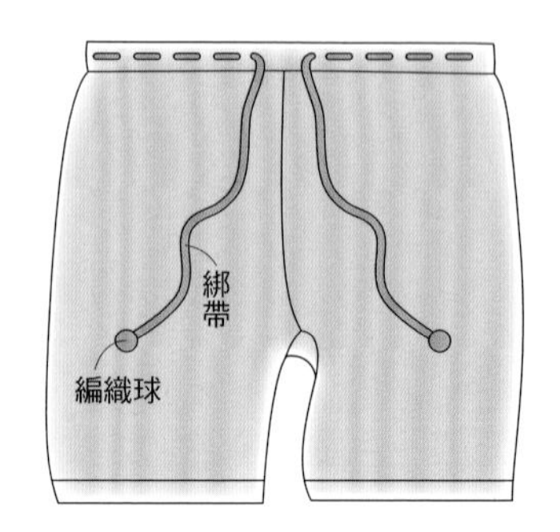

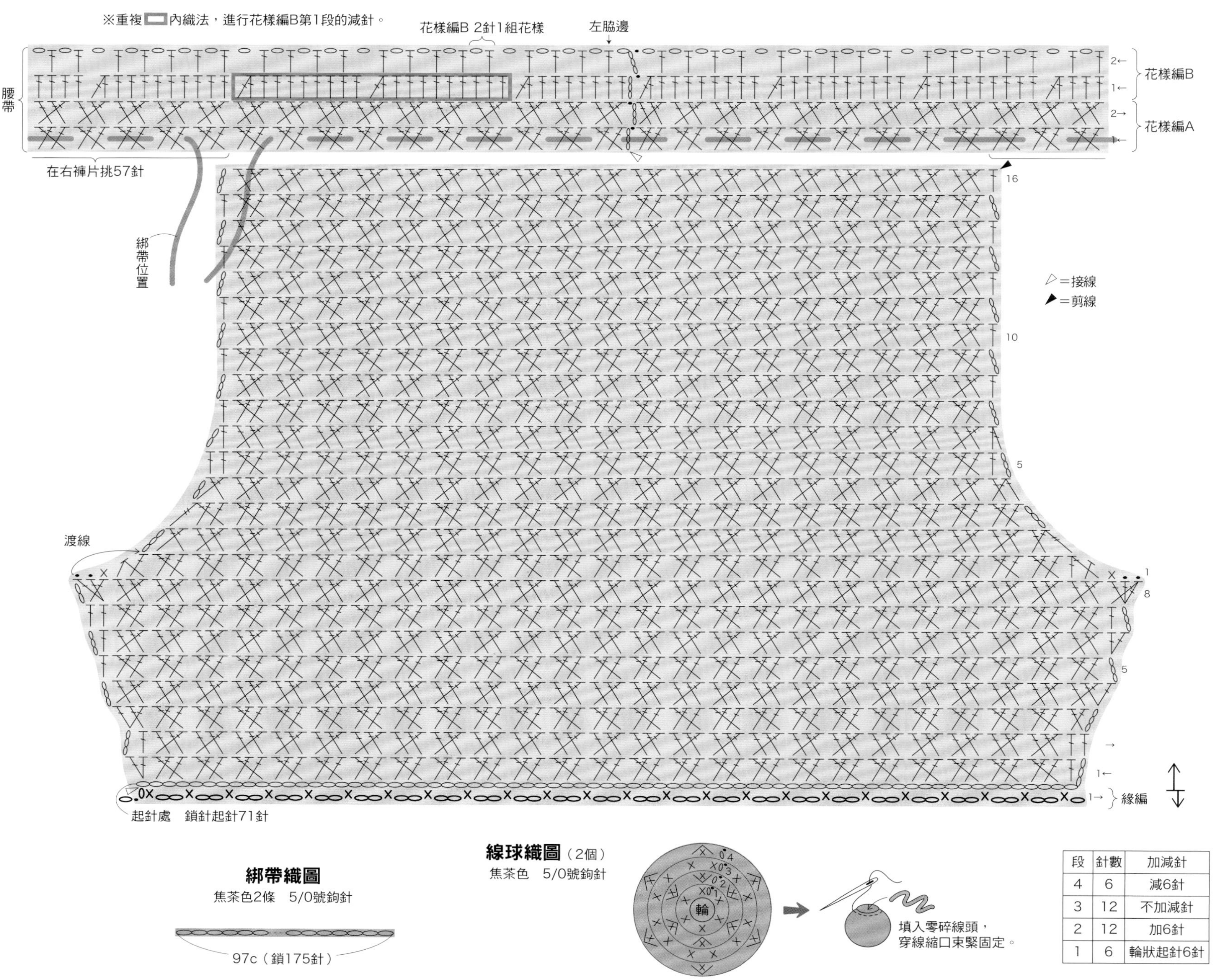

段	針數	加減針
4	6	減6針
3	12	不加減針
2	12	加6針
1	6	輪狀起針6針

花樣編A

2長針×1針交叉 ※翻至背面的鉤織段，也是相同織法。

1 鉤針掛線，跳過1針後，依箭頭指示入針鉤織1針長針。

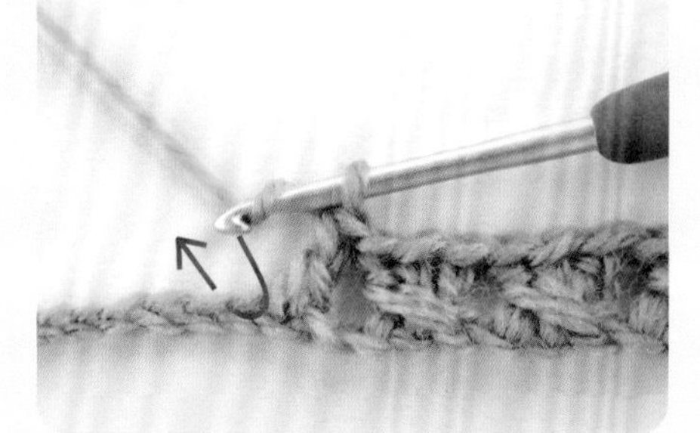

2 鉤針掛線，依箭頭指示挑下一針目，鉤織1針長針。

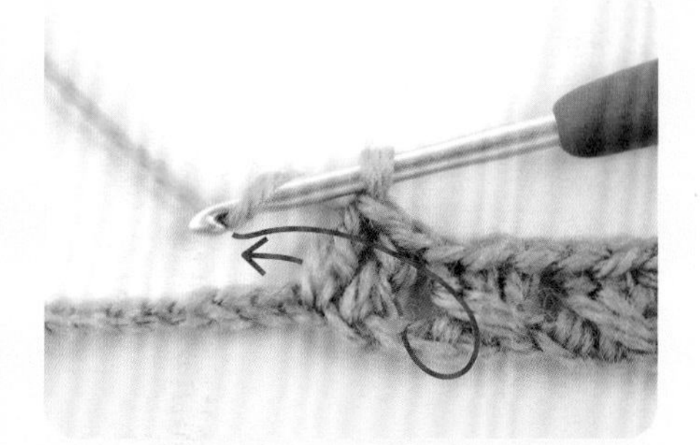

3 鉤針掛線，依箭頭指示挑步驟1長針的前1針，包裹步驟1・2鉤織的長針般，鉤出織線。

4 鉤針掛線，依箭頭指示引拔針上前2條線圈。

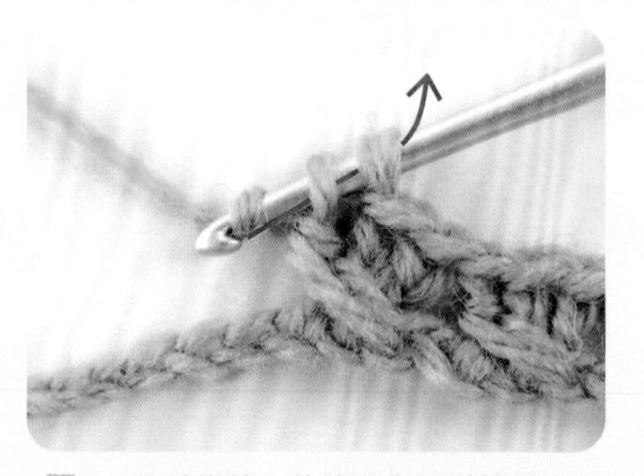

5 鉤針掛線，依箭頭指示引拔針上所有線圈。

6 完成將先鉤織的2針長針包裹交叉的，2長針×1針的交叉針。

左褲片與右褲片的接縫

※為了讓解說更清晰易懂，使用不同色線示範。

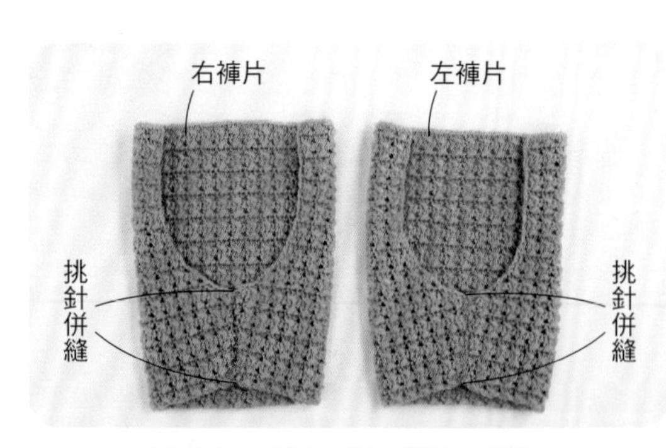

1 分別將左、右褲片的下檔挑針併縫。

2 完成左褲片與右褲片立襠的接縫。

3 完成左褲片與右褲片的接縫。

使用織線
26 Wister 可洗合太
杏色（2）115g
原色（1）30g
紅色（7）30g
27 Wister Lala Baby
原色（6）90g
粉紅色（2）30g

其他材料
26 鈕釦（直徑20mm）2個
27 鈕釦（直徑18mm）2個

工具
26 鉤針「Amure」6/0號
27 鉤針「Amure」6/0號

密度
26 花樣編A　21.5針＝10cm　7段＝6cm
花樣編B　21.5針＝10cm　14段＝10cm
花樣編C　21.5針＝10cm　8段＝7cm
27 花樣編A　22.5針＝10cm　7段＝5.5cm
花樣編B　22.5針＝10cm　16段＝10cm
花樣編C　22.5針＝10cm　8段＝6cm

完成尺寸
26 胸圍62cm　衣長43.5cm　27 胸圍60cm　衣長38cm

作法
1. 鎖針起針，以花樣編A・B・C鉤織前、後衣身。
2. 在後衣身挑針，以花樣編B鉤織肩帶。
3. 以「鎖針與引拔針的併縫」接合脇邊。
4. 在袖口・領口・下襬鉤織緣編。
5. 接縫鈕釦。

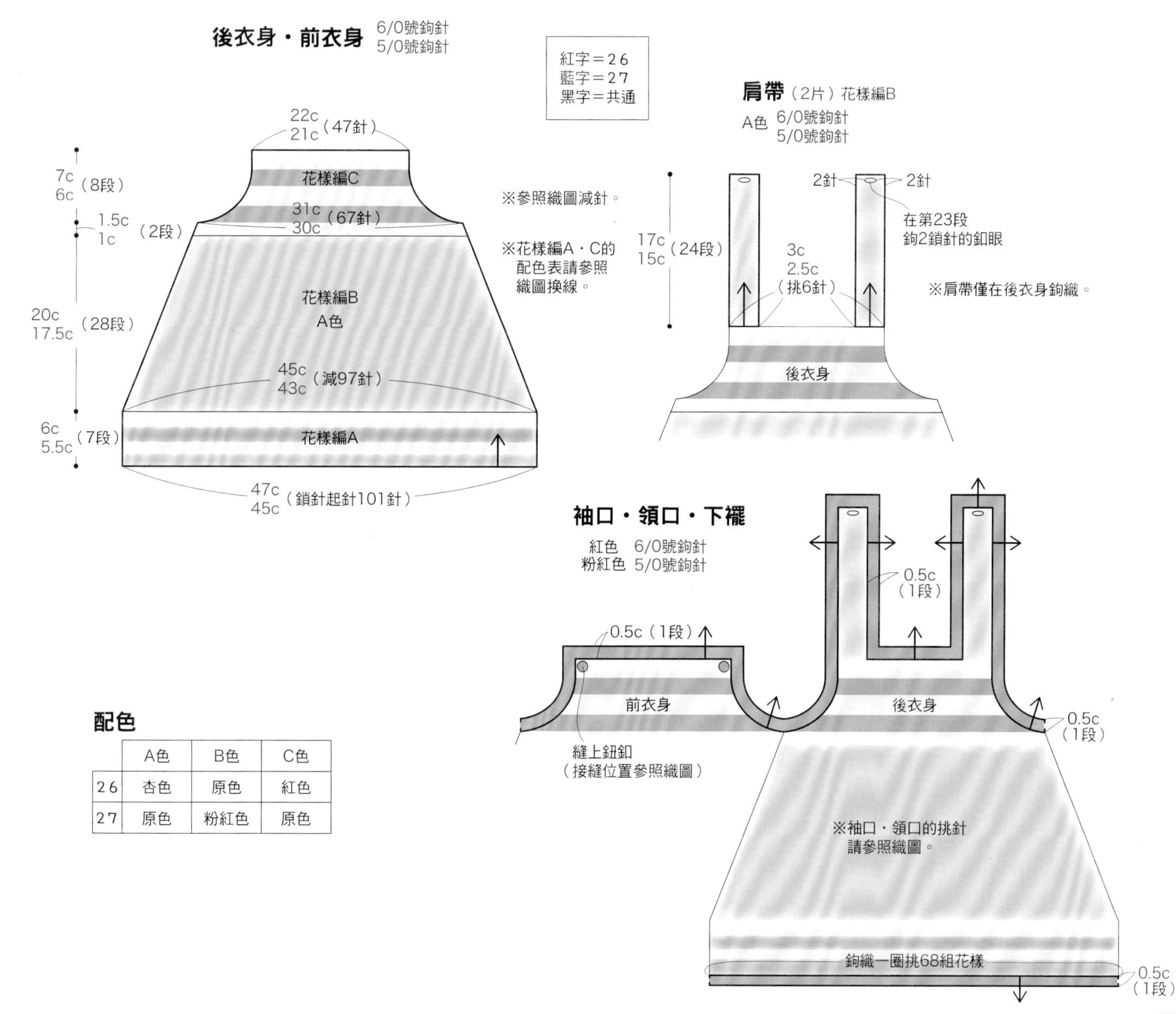

配色

	A色	B色	C色
26	杏色	原色	紅色
27	原色	粉紅色	原色

後衣身織圖

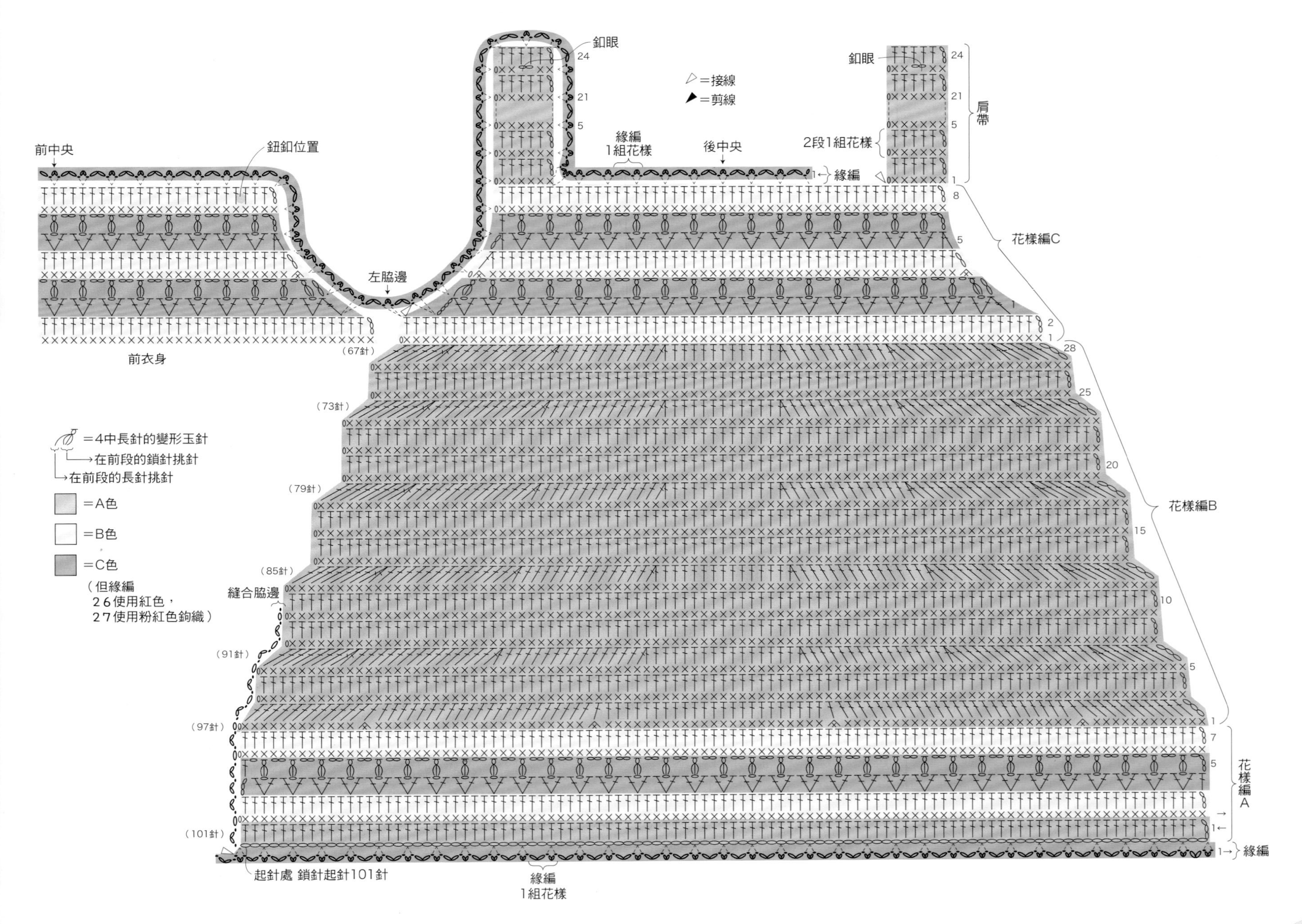

△=接線
▲=剪線
前中央
鈕釦位置
釦眼
緣編
1組花樣
後中央
2段1組花樣
肩帶
左脇邊
前衣身
花樣編C
花樣編B
花樣編A
(67針)
(73針)
(79針)
(85針)
(91針)
(97針)
(101針)
縫合脇邊
起針處 鎖針起針101針
=4中長針的變形玉針
在前段的鎖針挑針
在前段的長針挑針
=A色
=B色
=C色
（但緣編
26使用紅色，
27使用粉紅色鉤織）

換色方法

※為了讓解說更清晰易懂，使用不同色線示範。

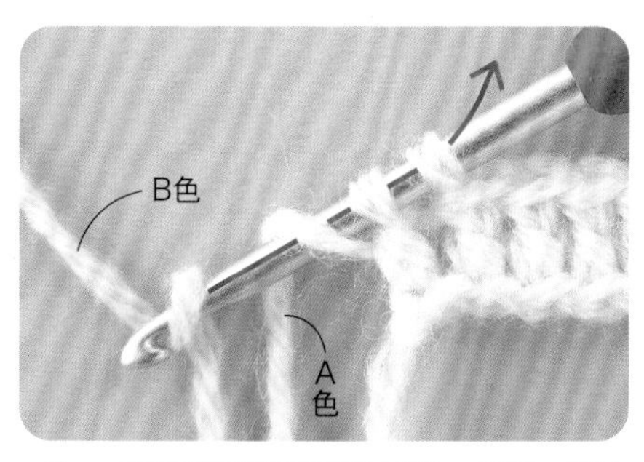

1 在鉤織換線的前段最後一針時，將A色線由前往後掛在針上，鉤針改掛B色線，依箭頭指示鉤織針目最後的引拔。

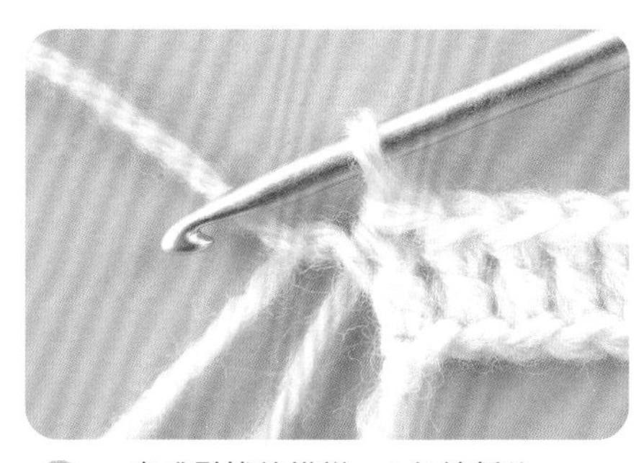

2 完成引拔的模樣。A色線暫休。

3 織片翻面，參照織圖以B色線繼續鉤織。

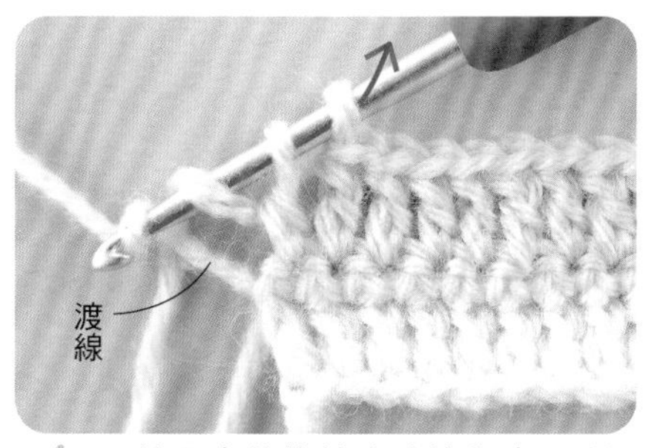

4 接下來的換線方式皆與步驟1相同，將B色線由前往後掛在針上，以步驟2暫休的A色線引拔。

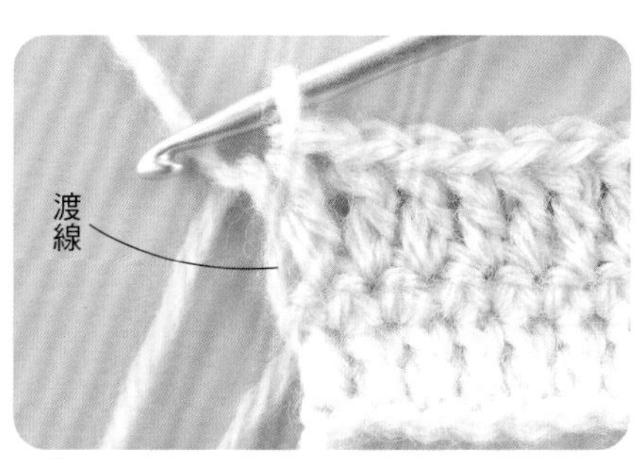

5 完成引拔的模樣。B色線暫休。此時要注意別讓縱向拉起的渡線鬆弛或鉤到。

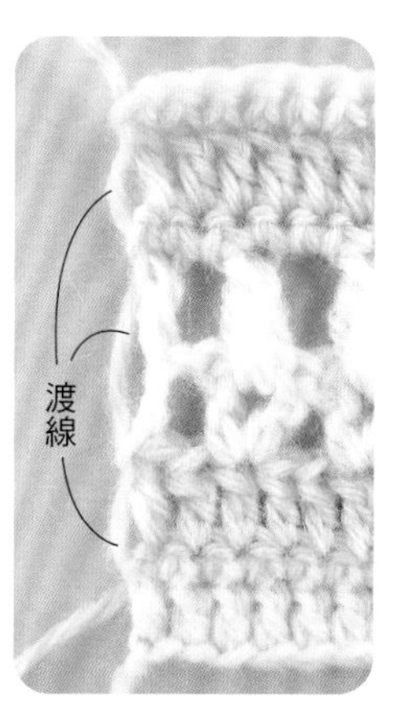

6 如圖示縱向渡線。

脇邊的併縫

鎖針與引拔針的併縫

※為了讓解說更清晰易懂，使用不同色線示範。

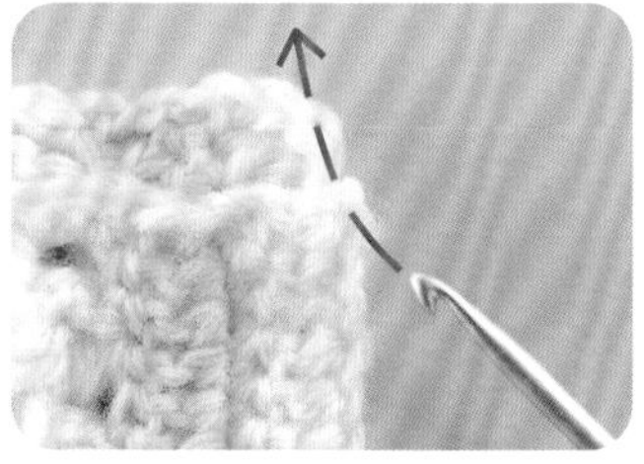

1 將前衣身與後衣身正面相對，鉤針依箭頭指示穿過兩織片。

2 鉤針掛線，依箭頭指示鉤出。

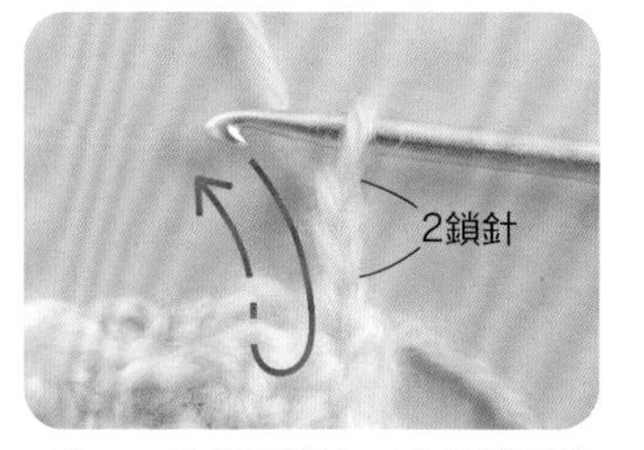

3 鉤2針鎖針，再依箭頭指示穿入兩織片。

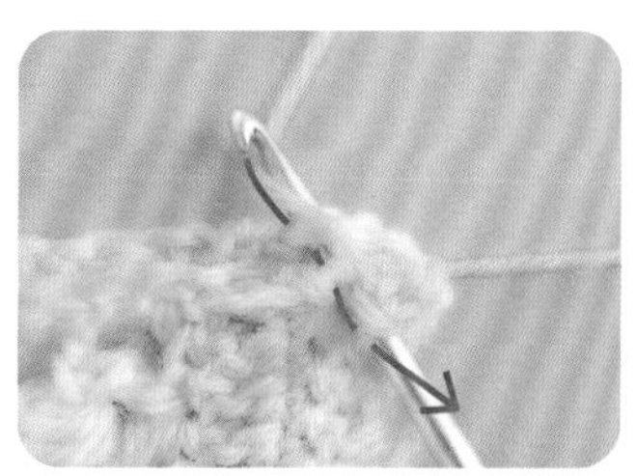

4 鉤針掛線，依箭頭指示鉤織引拔。

5 完成引拔針的模樣。

6 接著鉤1針鎖針，依箭頭指示入針鉤引拔針。

7 一邊參照織圖，一邊重複鉤織鎖針與引拔針。

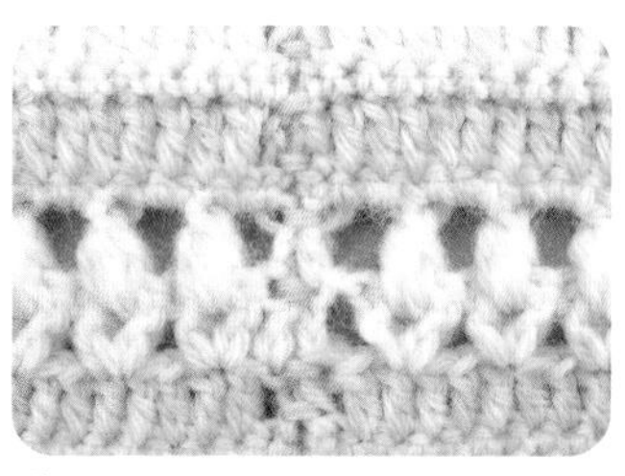

8 完成鎖針與引拔針併縫的正面模樣。

媽咪輕鬆鉤！
0～24個月的手織娃娃衣&可愛配件

作　　者／BOUTIQUE-SHA
譯　　者／莊琇雲
發 行 人／詹慶和
總 編 輯／蔡麗玲
執行編輯／蔡毓玲
特約編輯／蘇方融
編　　輯／劉蕙寧・黃璟安・陳姿伶・白宜平・李佳穎
執行美編／翟秀美
美術編輯／陳麗娜・李盈儀・周盈汝
內頁排版／造極
出 版 者／Elegant-Boutique 新手作
發 行 者／悅智文化事業有限公司
郵政劃撥帳號／19452608
戶　　名／悅智文化事業有限公司
地　　址／新北市板橋區板新路206號3樓
電　　話／(02)8952-4078
傳　　真／(02)8952-4084
網　　址／www.elegantbooks.com.tw
電子信箱／elegantbooks@msa.hinet.net

2015年03月初版一刷　定價300元

Lady Boutique Series　No.3671
Kagibari Ami no Baby Wear Komono

經銷／高見文化行銷股份有限公司
地址／新北市樹林區佳園路二段70-1號
電話／0800-055-365　傳真／(02) 2668-6220

國家圖書館出版品預行編目資料

媽咪輕鬆鉤！0-24個月的手織娃娃衣&可愛配件 / BOUTIQUE-SHA著；莊琇雲譯. -- 初版. -- 新北市：新手作出版：悅智文化發行，2015.03
　面；　公分. -- (樂.鉤織；14)
ISBN 978-986-5905-88-0(平裝)

1. 編織 2. 手工藝

426.4　　　104003252

日文版 STAFF
編　　輯／矢口佳那子　北原さやか
　　　　　高橋沙繪　山崎結妃　加納亮
攝　　影／作品…奧川純一（MAKE'S）
　　　　　步驟…腰塚良彥
書籍設計／梅宮真紀子
製　　圖／Mondo Yumico

新手 OK！
照著圖解簡單織

新手 OK！
照著圖解簡單織